琵琶湖を泳ぐイノシシ（北方洋介さん提供）

瀬戸内海を泳ぐイノシシ（呉海上保安部提供）

伊万里湾を泳ぐイノシシ（唐津海上保安部提供）

宇和海を泳ぐイノシシ（畠山拓人さん提供）

奄美群島の海を泳ぐイノシシ（上：古仁屋海上保安署提供、
下：奄美サウスシー＆マベパール提供）

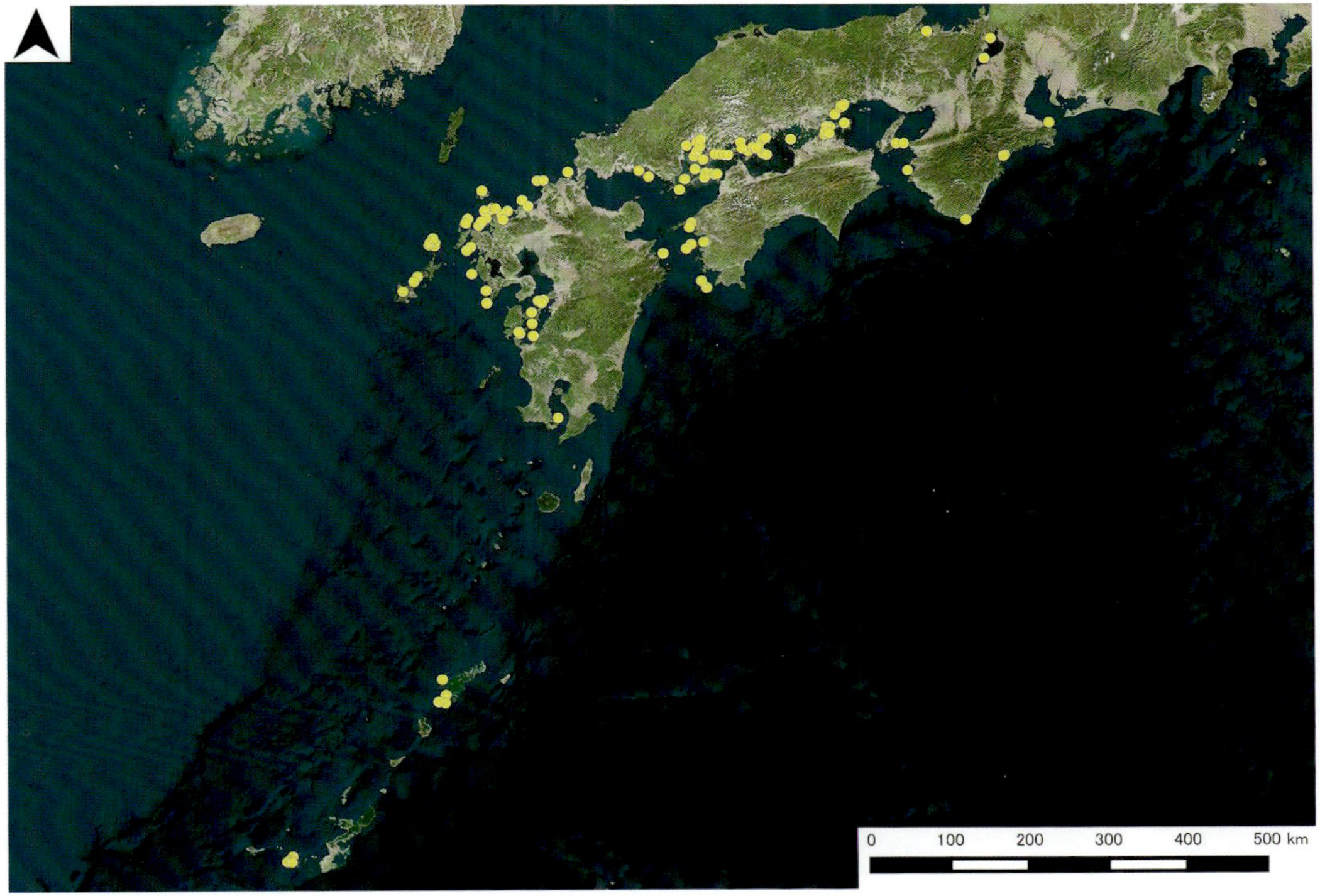

イノシシが泳いで渡った島（アンケート調査より作成）

ヒゲイノシシが泳いで往来するガヤ島（右）
とサピ島（左）の浅瀬（マレーシアで撮影）

強力な泳ぎ手であるヒゲイノシシ
（マレーシアのガヤ島で撮影）

野生化したブタも泳ぐことができる
（オーストラリアで撮影）

水に潜ることもできるバビルサ
（インドネシアで撮影）

びわ湖の森の生き物
6

泳ぐイノシシの時代

―なぜ、イノシシは周辺の島に渡るのか?―

高橋春成

サンライズ出版

はじめに

「イノシシ」といえば「山の動物」というのが、これまでの私たちの一般的なイメージであった。したがって、「イノシシ」と「湖や海」は無縁であったし、「イノシシが湖や海を泳ぐ」というようなことなど思いもしなかった。

しかし、そんな私たちのイメージとはうらはらに、イノシシが琵琶湖や各地の海を泳いでいる。特に1980年頃から、瀬戸内海や宇和海、九州や南西諸島の海を中心に各地で海を泳ぐイノシシが目撃されている。海だけでなく、湖である琵琶湖でも泳ぐイノシシがみられる。現代は、「イノシシが湖や海を泳ぐ時代」なのだ。

イノシシは湖や海を泳ぐだけでなく、周辺の島に渡っている。そのような中で、これまでイノシシがいなかった島にイノシシが生息するようになり農作物被害などが発生している。

イノシシが湖や海を泳ぐことはめずらしいことであったため、目撃情報はたびたびマスコミなどで大きく取り上げられ話題となってきた。しかし、我が国の湖や海を泳ぎ島に上陸しているイノシシの実態、泳ぐ背景や要因、泳ぎ方や泳力、湖や海を泳ぐイノシシへの対応など、それらの全容について検討したものはこれまでなかった。

海外の文献をみても、泳ぐイノシシの全容をまとめたようなものは管見の限りなさそうだ。それは、イノシシが湖や海などを泳ぐような現象が大規模に起きるというようなことが限られたものであること、これらの調査が容易でないことなどによると思われる。

その点、現代の日本でイノシシが湖や海を泳いで島に渡る大規模な現象が生じている。千載一遇の機会である。私は、ぜひ湖や海を泳ぐイノシシの全体像にせまりたいと強く思った。

そこで、泳ぐイノシシの目撃情報が多い西南日本の島を有する各市町村にアンケートを実施し、さらに琵琶湖、瀬戸内海、宇和海、九州や南西諸島などの湖や海を泳ぎ周辺の島々に渡っているイノシシがいる現場を訪ね、現地調査を重ねた。

また、海外の湖や海を泳ぐイノシシの事例もできるかぎり検討した。海外の事例では、イノシシだけでなくイノシシ科の動物についても情報を集めた。マレーシアでは、海を泳ぐヒゲイノシシの現地調査も行った。

本書は、このようにして集めた情報をまとめたものである。

目次

第3章　世界の湖や海などを泳ぐイノシシ

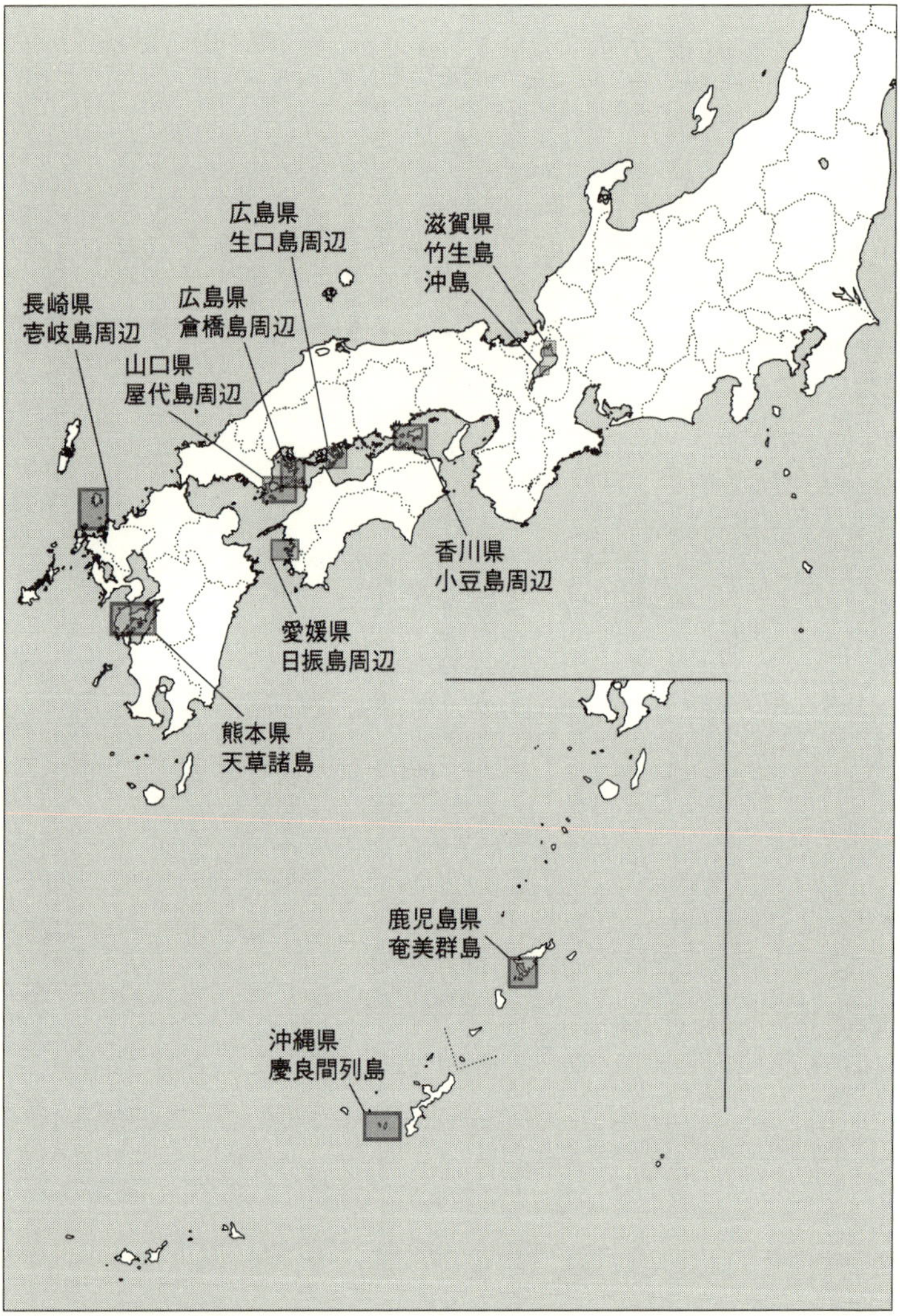

本書に登場する主な地域

第1章 湖や海を泳ぐイノシシの概況

アンケート調査

湖や海を泳ぐイノシシの概況を知るため、私はアンケート調査をすることにした。アンケートは2013年6月に実施し、泳ぐイノシシ情報が多い西南日本の各市町村（福井県・滋賀県・三重県の3県より西側の府県の市町村）を対象に、湖や海を泳いでイノシシが渡った島名、その時期、イノシシによる被害の発生の有無と被害内容について尋ねた。アンケートの発送数は211であり、そのうちの165市町村から回答を得た。回収率は78％であった。

1　イノシシが泳いで渡った島

ニホンイノシシとリュウキュウイノシシ

アンケートの結果をみる前に、我が国に生息するニホンイノシシとリュウキュウイノシシについて簡単にみておきたい。我が国には、本州（22万7943・05㎢）、四国（1万8297・78㎢）、九州（3万6782・59㎢）の本島部にイノシシの亜種であるニホンイノシシ（*Sus scrofa leucomystax*）が生息し、南西諸島の奄美大島（712・52㎢）、徳之島（247・85㎢）、沖縄島（1206・93㎢）、石垣島（222・18㎢）、西表島《いりおもてじま》（289・61㎢）に同じく亜種のリュウキュウイノシシ（*Sus scrofa riukiuanus*）が生息してきた。リュウキュウイノシシについては、2016年12月30日付けの八重山毎日新聞で石垣島と西表島の集団は独立した亜種の可能性があるとの報道があった。

イノシシは偶蹄目《ぐうていもく》イノシシ科に属し、イノシシ科の動物は前肢《ぜんし》、後肢《こうし》ともに指は４本である。口先には中央に鼻孔をもつ円盤状の鼻鏡《びきょう》があり、口先や鼻先が硬く、これらを使って地面を掘り起こして食料をさがす。ニホンイノシシは、成獣のオスで体重は50～１５０kg、頭胴長１１０～１６０cmほどになり、リュウキュウイノシシは、成獣のオスで体重40～50kg、頭胴長80～１１０cmほどになる。したがって、リュウキュウイノシシはニホンイノシシより小型である。

また、オスとメスを比較すると、両者ともにオスのほうが大きくなる。このような傾向は犬歯にも認められ、オスの上下の犬歯は特に発達する。体色は黒色、灰色、暗褐色で、頸部《けいぶ》（首）から背中にかけてたてがみ状の長い毛がある。

我が国のイノシシは、常緑広葉樹林や落葉広葉樹林、竹林や放置竹林、耕作放棄地や放棄されたミカン畑などを生息地としている。食性は雑食性で、草木の根、草、塊茎、果実、木の実、地虫類、昆虫、爬虫類、両性類、死肉などを食べる。特にすぐれた嗅覚で食料を探し出す。クズ、ヤマノイモ、木の実、タケノコ、ミミズ、カエル、ヘビ、タニシ、死肉などを食べる一方で、各種の農作物も食料とするため、大きな農作物被害をもたらしている。

交尾期は12月から翌年の３月頃にかけてであり、妊娠期間は約４カ月で、メスは平均４～５頭の子を産む。メスの初産齢は１～２歳で、毎年出産する。

多数の島に渡っているイノシシ

アンケート結果によれば、ニホンイノシシとリュウキュウイノシシともに、泳いで周辺の島に

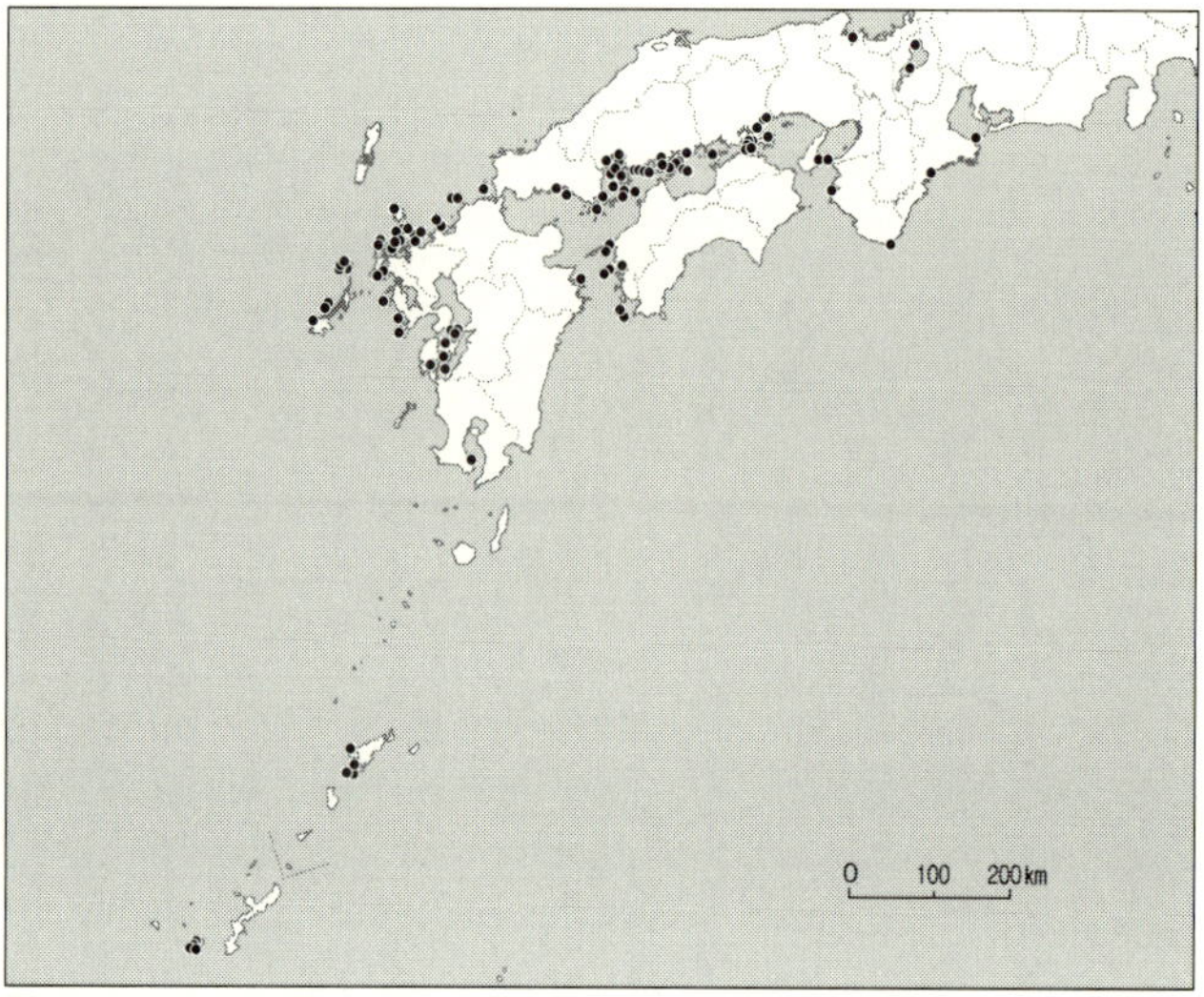

図1　イノシシが泳いで渡った島（アンケート調査より作成）

生息地を拡大させていることがわかった。イノシシが湖や海を泳いで渡ったとみられる島の数は110あった。湖では、琵琶湖の沖島《おきしま》と竹生《ちくぶ》島《しま》の二つの島に渡っていることがわかった。残りは海を泳いで渡っている。また、110の島のうち、98の島が有人島で、12の島が無人島であった。

　図1はそれらの島の位置を示したものであり、表1はそれらの島のリストである。回答がな

89	椛島（長崎県）	◎			
90	池島（長崎県）				□
91	伊王島（長崎県）				□
92	戸馳島（熊本県）	×			
93	小路島（熊本県）	×	（無人島）		
94	天草上島（熊本県）	◎	○		
95	御所浦島（熊本県）	◎	○		
96	大矢野島（熊本県）	◎	○		
97	維和島（熊本県）	◎	○		
98	保戸島（大分県）	◎			□
99	伊唐島（鹿児島県）	◎			
100	野島（鹿児島県）	×	（無人島）		
101	知林ヶ島（鹿児島県）			☆	
102	枝手久島（鹿児島県）	×	（無人島）		
103	加計呂麻島（鹿児島県）	◎			
104	請島（鹿児島県）	◎			
105	与路島（鹿児島県）	◎			
106	座間味島（沖縄県）	?			
107	慶留間島（沖縄県）	×			
108	阿嘉島（沖縄県）	×			
109	久場島（沖縄県）	×	（無人島）		
110	外地島（沖縄県）	—			

表１　イノシシが泳いで渡った島と被害状況
（アンケート調査より作成）

（凡例）
◎農作物　○果樹　△タケノコ　☆その他
□掘り起こし　×被害なし　？不明　－回答なし

ID	島名	被害内容
1	赤野島（三重県）	×（無人島）
2	鈴島（三重県）	×（無人島）
3	答志島（三重県）	◎
4	沖島（滋賀県）	◎
5	竹生島（滋賀県）	—
6	戸島（京都府）	☆（無人島）
7	成ヶ島（兵庫県）	×（無人島）
8	友ヶ島（和歌山県）	×（無人島）
9	黒島（和歌山県）	×（無人島）
10	大島（和歌山県）	◎
11	前島（岡山県）	◎
12	長島（岡山県）	◎
13	鹿久居島（岡山県）	◎ ○
14	鴻島（岡山県）	◎ ○
15	頭島（岡山県）	◎ ○
16	江田島（広島県）	◎ ○ ☆
17	能美島（広島県）	◎ ○ ☆
18	大黒神島（広島県）	×（無人島）
19	宮島（広島県）	□
20	似島（広島県）	○
21	金輪島（広島県）	◎
22	横島（広島県）	◎ ○
23	田島（広島県）	◎ ○
24	下蒲刈島（広島県）	◎ ○
25	上蒲刈島（広島県）	◎ ○
26	倉橋島（広島県）	◎ ○
27	豊島（広島県）	◎ ○
28	大崎下島（広島県）	◎ ○
29	大久野島（広島県）	—
30	屋代島（山口県）	◎ ○ △
31	平郡島（山口県）	◎ ○
32	大津島（山口県）	◎
33	柱島（山口県）	○ △
34	笠戸島（山口県）	△
35	佐柳島（香川県）	◎
36	小豆島（香川県）	◎ ○ □
37	小豊島（香川県）	◎ ○ □
38	豊島（香川県）	◎ ○ □
39	女木島（香川県）	◎ ☆
40	男木島（香川県）	◎ ☆
41	大島（香川県）	◎ ☆
42	大島（愛媛県）	◎ ○
43	佐島（愛媛県）	×（無人島）
44	伯方島（愛媛県）	◎ ○
45	大三島（愛媛県）	◎ ○
46	弓削島（愛媛県）	◎ ○
47	佐島（愛媛県）	◎ ○
48	岩城島（愛媛県）	◎ ○
49	高井神島（愛媛県）	◎ ○
50	魚島（愛媛県）	◎ ○
51	九島（愛媛県）	◎ ○
52	戸島（愛媛県）	◎ ○
53	日振島（愛媛県）	◎ ○
54	中島（愛媛県）	○
55	怒和島（愛媛県）	○
56	睦月島（愛媛県）	○
57	野忽那島（愛媛県）	○
58	二神島（愛媛県）	○
59	沖の島（高知県）	◎
60	鵜来島（高知県）	◎
61	大島（福岡県）	◎ ○ □
62	地ノ島（福岡県）	◎ ○ □
63	藍島（福岡県）	◎
64	能古島（福岡県）	◎ ○
65	玄界島（福岡県）	◎ ○
66	姫島（福岡県）	◎
67	神集島（佐賀県）	□
68	高島（佐賀県）	□
69	加唐島（佐賀県）	◎ □
70	松島（佐賀県）	□
71	馬渡島（佐賀県）	◎ □
72	小川島（佐賀県）	◎ □
73	向島（佐賀県）	×
74	小値賀島（長崎県）	◎
75	野崎島（長崎県）	◎
76	六島（長崎県）	◎
77	納島（長崎県）	◎
78	高島（長崎県）	◎
79	黒島（長崎県）	◎
80	宇久島（長崎県）	◎
81	奈留島（長崎県）	×
82	福江島（長崎県）	×
83	久賀島（長崎県）	×
84	的山大島（長崎県）	◎
85	度島（長崎県）	◎
86	青島（長崎県）	◎
87	黒島（長崎県）	◎
88	壱岐島（長崎県）	◎

かった市町村や島にイノシシが生息しているか不明と答えた回答もあったので、実際には、この数字をかなり上回る島にイノシシが渡っているものと推察される。

今回のアンケート調査で、琵琶湖にある島々、瀬戸内海や宇和海周辺の島々、九州の福岡県・佐賀県・長崎県・熊本県周辺の島々、南西諸島の奄美群島や慶良間《けらま》列島の島々を中心に、西南日本の広い範囲にわたってイノシシが周辺の島に渡っていることが判明した。

イノシシが泳いで渡った島の面積を、1㎢未満、1～10㎢未満、10～50㎢未満、50㎢以上に区分してみると、それぞれに該当する島の数は、27、54、21、8となった。それらを比率でみると、25％、49％、19％、7％となる。

イノシシが食料や生息地などを確保する点で、一般に面積がひろい島ほどイノシシの定着や繁殖に有利になると考えられるが、「イノシシは湖や海を泳ぐことができる」ということを前提にすると、一時的に棲んでいるような島も含めて、イノシシが比較的小さな島を取り込みながら生息地としている場合なども考えられることから、島の面積に関わらず、島に渡ったイノシシに注目する必要がある。

2　泳いで島に渡った年代

多くは1980年代以降

イノシシが湖や海を泳いで島に渡った年代は、26の島で不明という回答がもどってきたが、それらを除くと、すべてが1980年代以降であった。イノシシが泳いで島に渡ったとされる時期を1

９８０年代、１９９０年代、２０００年代、２０１０年代と10年ごとに分けてみると、それぞれに該当する島の数は3、17、42、22となった。

　１９８０年代はまだ少数であったが、１９９０年代にはその数が10を超え、２０００年代には１９９０年代の２・５倍にと急増した。２０１０年代も、アンケートを実施した年を考慮すれば、２０００年代を上回るようなペースで島の数が増加している。

　ただ、実際には最初に島にイノシシが泳いで渡った時期を正確に示すことは困難な場合が多いと思われる。回答をみると、イノシシが島に上陸したのを住民などが目撃したというような話もめずらしくはなかった。しかし、島でイノシシが目撃されるようになったり、イノシシの足跡や掘り起こし跡などが発見されたり、イノシシの被害が出てくる年代をもって、島に渡った年代としている場合も多いと思われる。したがって、それよりも以前からイノシシが島に渡っている可能性も考えなければならない。

　このようなことを考慮する必要があるが、現代の我が国では多くの島でイノシシが目撃されたり、イノシシの被害が発生しており[1]、泳ぐイノシシが、漁船、釣り船、フェリー、定期船、海上保安署の船、海上タクシー、ダイビング船などにより目撃されている。したがって、「現代はイノシシが湖や海を泳ぐ時代である」ということができよう。

dispersal centre と stepping stone

ところで、イノシシが湖や海を泳ぐ時代になって、各地でいっせいにイノシシが泳ぎ出したようにみえるが、それぞれの地域をみると、周辺の島にイノシシを送り出しているような中心的な島（dispersal centre）があったり、イノシシが島と島の間を飛び石（stepping stone）のようにして島つたいに泳いで渡っているところがある。

我が国では、このような調査はまだ十分に進んでいないが、第2章の各地の事例では、そのようなようすも紹介したい。海外の事例をみると、北欧のフィンランド湾の沖合にあるスールサーリ（Suursaari）島が、周辺の島に泳いで渡るイノシシの分散の中心（dispersal centre）になっていると指摘されている。[2] 分散とは、元の生息地を離れ、新たな生息地に移動することをいう。また、インドネシアのスマトラ島とジャワ島の間のスンダ海峡にあるセベシ（Sebesi）島は、スマトラ島からクラカタウ（Krakatau）島周辺にイノシシが海を泳いでやってくるときの stepping stone の役割を果たしているといわれる。[3]

3　泳いで島に渡ったイノシシによる被害

農作物などへの被害

表1に、湖や海を泳いでイノシシが渡った島と農業や生活への被害状況を示した。これをみると、多くの島で農作物や果樹に被害が出ていることがわかる。農作物への被害は98の有人島のうち72の島で、また果樹への被害は43の島でみられる。これらを比率で示すと、それぞれ73％、44％となる。農作物と果樹の双方に被害が出ている島は36（37％）ある。

農作物の被害で多いのは、サツマイモなどのイモ類、野菜類、イネなどであり、果樹では柑橘類が中心となっている。農作物や果樹をイノシシが食い荒らしたり、植えつけた場所を踏み荒らすため、被害は甚大となっている。そのほか、イノシシによるタケノコの食害もみられる。表の凡例の「その他」はスイセンなどの花卉《かき》への被害であるが、京都の戸島の場合は、イノシシ出没のため衛生面や安全面を考慮して青少年用のキャンプ施設が閉鎖された。

いろいろな生活被害

イノシシによる被害は、このような被害にとどまらない。地中の食料を求めて、イノシシが道路や石積みの法面《のりめん》（人工的斜面）、畦畔《けいはん》（田畑を区切る畔《あぜ》）や水路などを掘り起こすため、島によってはそれらの崩壊や土砂崩れなども目立つ。また、ミカンやオリーブなどの根の周囲を掘り起こすため、樹木にも被害が出ている。

無人島以外で被害が報告されなかった島は７に留まるが、これらの島でも今後被害が出てくる可能性がある。イノシシは雑食性で、ほとんどの農作物や果樹を食料にし、さらに地中の食料を求めて道路や畦畔などを掘り起こす動物だからである。

イノシシが繁殖し数が増えればそれだけ被害も大きくなるが、イノシシは１頭だけでも相当の被害を発生させる動物であるので十分な対応を図る必要がある。

第2章 琵琶湖や各地の海を泳ぐイノシシ

1　琵琶湖を泳ぐイノシシ

琵琶湖は日本で最大の面積（６７０㎢）をもつ湖である。周囲には、伊吹《いぶき》山地、比良《ひら》山地、鈴鹿《すずか》山脈などの山々があり、これらの山々から流れ出る大小の河川は、沖積《ちゅうせき》平野である扇状地や三角州を作りながら琵琶湖に注いでいる。近年、このような琵琶湖で泳ぐイノシシが目撃されたり、琵琶湖にある島に上陸したところを目撃されたりしている。ここでは、そのようなようすをみてみよう。

①滋賀県の竹生島周辺

琵琶湖を泳ぐイノシシ発見！

写真1は、琵琶湖の北部にある葛籠尾崎《つづらおざき》の岬（図2）の沖を泳ぐ親子と思われる3頭のイノシシである。この写真は、琵琶湖のフィッシングガイド（North Wave）をしている北方洋介さんによって撮影された。私は、さっそく長浜市西浅井《にしあざい》町大浦《おおうら》に住む北方さんを訪ね、当時の状況を尋ねることにした。

この写真は、２０１1年11月10日の午後3時頃に撮影されたもの

写真1-①　琵琶湖北部の葛籠尾崎岬の沖を泳ぐイノシシ（北方洋介さん提供）

写真1-②　Uターンしてもどるイノシシ（北方洋介さん提供）

である。写真1―①は、３頭のイノシシがかたまって葛籠尾崎の岬の先端部の沖合を、竹生島《ちくぶしま》のほうに泳いでいるところである。これらのイノシシは、何かに追われて泳いでいるようなようすはなく、竹生島をめざして、人が歩くくらいの速さでゆっくりと泳いでいたという。当時は３日連続で北西風の吹きつける風の強い日が続いたが、この日は風もおさまり穏やかで、湖の波もほとんどなかった。

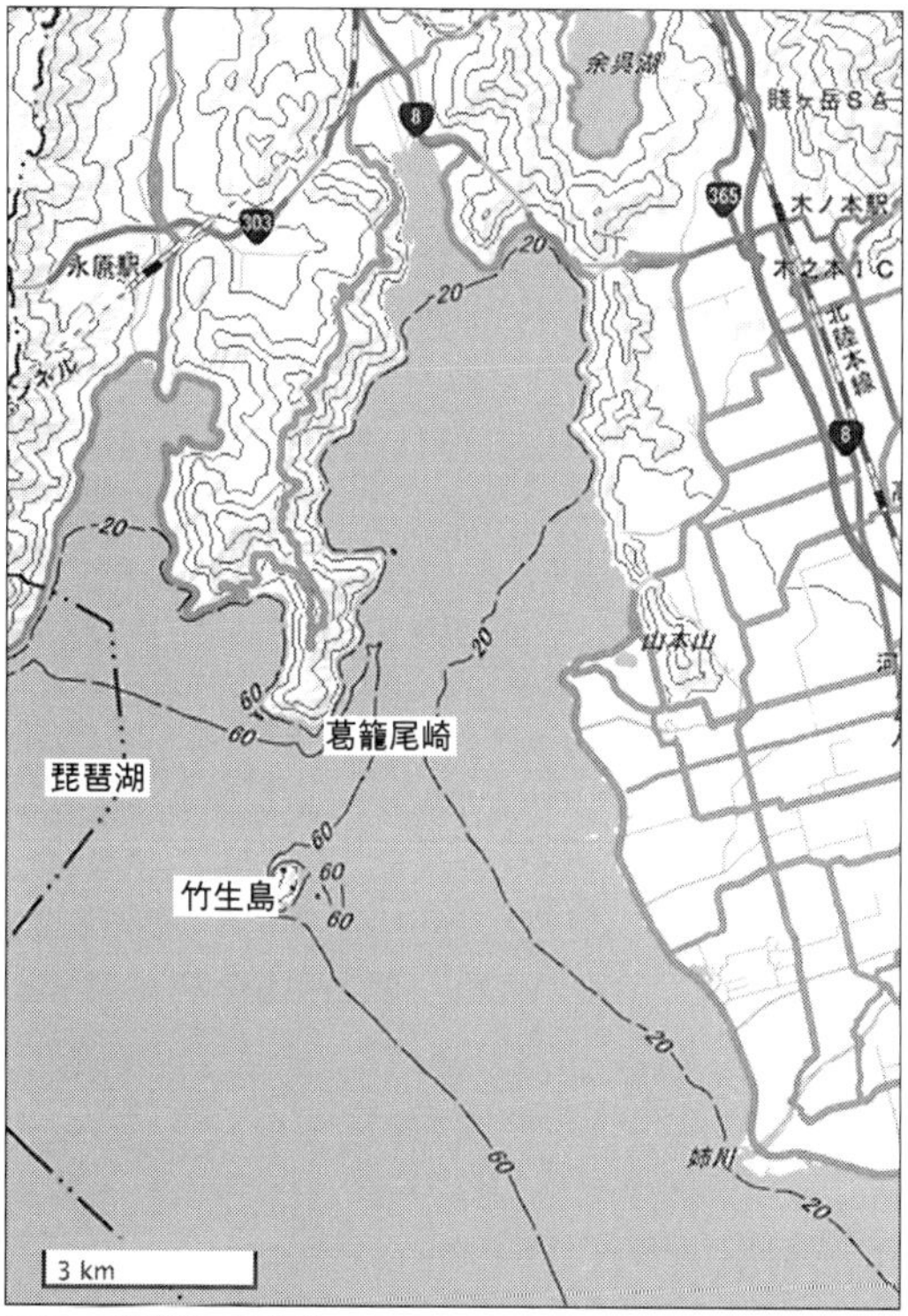

図２　琵琶湖の竹生島

北方さんはバス釣りのために船を出したのであるが、何かが岬のほうから竹生島のほうへと泳いでいるのをみつけた。そこで船を近づけてみると、イノシシだったのでおどろいたという。泳いでいた３頭のイノシシは、船が近寄ってきたこと、その船が行き先を阻《はば》むようにして止まったことから、あわてて葛籠尾崎の岬のほうにUターンするように泳いでもどっていった。写真1―②は、そのときのようすを写したものである。

3頭のイノシシは、大きなイノシシが1頭いて、ほかの2頭はそれよりも小さなイノシシであった。Uターンして泳いだときは、大きなイノシシを先頭にして、順番に一列になって泳いだ。このときの泳ぐ速さは、けっこう速かったという(特に大きなイノシシは速かったという)。北方さんは、Uターンをするときに一瞬イノシシが船に突進してくるような状態になったことにあわて、またイノシシが大きな鼻息をたてて泳いだのでびっくりしたという。

これらのイノシシの写真や動画は、インターネット上にも紹介されており、Uターンした3頭が葛籠尾崎の岬の浜に上陸していくところがビデオに映されている。(4) ビデオをみると、大きなイノシシを先頭にして、それより小さいイノシシ2頭が一列になって泳ぎ、順番に同じポイントに上陸し、同じコースをたどりながら葛籠尾崎の岬の薮の中へと入っていった。

竹生島に渡るイノシシ

2014年1月のことであるが、このような琵琶湖を泳ぐイノシシ情報を集めていた私のもとに、竹生島に渡っているイノシシの情報が届いた。竹生島は自然公園法による特別保護地区になっているが、これまでイノシシは生息しない島であった。情報提供は、滋賀県鳥獣害対策室からであった。滋賀県鳥獣害対策室からは、イノシシの足跡や掘り起こし跡などの痕跡の画像も送られてきた。写真2は、このときに撮られたイノシシの掘り起こし跡とイノシシの足跡や獣道である。これらは、2013年4月に竹生島の北部でみつかった。

写真２　竹生島でみつかったイノシシの掘り起こし跡（左）と獣道（右）

写真３　西国三十三所の巡礼地のある竹生島

竹生島は、葛籠尾崎の岬の南東約２kmにある。琵琶湖では沖島につぐ大きさの島であるが、面積は０・１４km²の小さな島である。島は花《か》崗岩《こうがん》からなり、周囲は切り立った岩壁で囲まれている。島には二つの峰があり、北部の高い峰の標高は１９７mである。竹生島は、気候が温暖で降雨にめぐまれ、また湖中にあるので冬でも比較的暖かく、そのため暖地に生育するタブノキ、ツバキ、ツブラジイ、アラカシ、シラカシ、ウラジロガシ、ヤブニッケイなどの常緑広葉樹やヤシ類のシュロが多くみられ、このような森は、古くから島が信仰の対象となってきたため守られてきた。

島には、宝厳寺《ほうごんじ》や都久夫須麻《つくぶすま》神社がある。島の東南部に唯一の船着き場があり、ここからこれらの寺社に行くことができる（写真３）。宝厳寺は観音菩薩の霊場である西国三十三所《さいごくさんじゅうさんしょ》巡礼の第30番の札所《ふだしょ》であり、島には多くの参拝者がやってくる。

２０１５年1月と２０１６年7月に私は竹生島を訪ね、湖を泳ぐイノシシや島に渡ったイノシシの情報を集めた。寺社や土産屋《みやげ》でイノシシの話を聞いてみると、島にイノシシがきており、数年前から足跡などがみられるようになったという話やイノシシが泳いでいるのが目撃されたといった話をしてくれた。また、イノシシはカワウがコロニーを作っている島の北のほうにいるらしいが、寺社周辺にもきているのではないかといった話もしてくれた。寺社の周辺をみると、イノシシの食料を提供しうる竹林や竹藪があるので、タケノコを目当てにイノシシがやってきても不思議ではなかろうと思えた。竹生島は、寺社と数店の土産屋しかない島である。夜は当直の寺社関係者2名が島に留まるだけで、ほかの寺社や土産屋の関係者は島外から通っている。このような島に、イノシシが泳いできているのだ。

竹生島は風化しやすい花崗岩からなり、周囲は切り立った岩壁で囲まれているためイノシシが上陸するのは困難ではないかと思われるのだが、島の地形に詳しい寺社関係者によれば、島の北側などにイノシシが登れるような箇所があるということであった。

カワウとイノシシの関係

竹生島には、カワウ（写真4）の大規模なコロニーが形成されている。カワウは、全長が80㎝くらいになる黒くて大きな水鳥で、樹上に集団で繁殖し、近くの湖や池などに潜って魚を食べる。琵琶湖周辺の大きなコロニーでは、4月から9月にかけてみられる。群れが飛ぶときは、整然とした列

写真４　カワウ（滋賀県鳥獣害対策室提供）

写真５　枯死した木が目立つ竹生島
（2015年１月撮影）

を組む。

カワウは集団で魚を食べるため、大きなコロニーの周辺では漁業被害をもたらし、また糞害による木々の枯死《こし》（写真５）といった問題を引き起こしてきた。そのため、竹生島などでは10年以上前からカワウの駆除が集中的に行われている。

琵琶湖周辺では１９９０年代以降にカワウが爆発的に増え、竹生島には特に多数のカワウが生息するようになった。その数は、２００４年には３万羽近くになった。その後の集中的な駆除で、２０１４年には約４６００羽にまで減少したが、それでも面積がわずか０・１４㎢しかない島にまとまった数のカワウが生息している。神社で聞いた話では、カワウの糞が空から落ちてくるので参詣者から苦情が出たときがあったという。そのようなときは傘をさして歩く必要があったというのだ。食堂を兼ねた土産屋でも、カワウの糞などの臭いに対する苦情があるとのことであった。

琵琶湖周辺では、アユを中心にカワウによる漁業被害が大きいため、滋賀県や関係の市町などが中心となり、銃器による駆除のほかに、防鳥糸やネットの設置、花火などによる追い払いなどを実施してきた。また、植生への被害に対しては、管理歩道を整備し、定期的な巡回による追い払い、巣落とし、立木の伐採《ばっさい》などを行ってきた。

前述した2013年4月に県の鳥獣害対策室の職員が島の北部でみつけたイノシシの足跡や掘り起こし跡は、このようなカワウ対策の中で発見されたものである。島では、2014年9月にも新たな掘り起こし跡があり、2015年10月にも足跡や掘り起こし跡がみつかっている。私のもとにつぎつぎと届く竹生島のイノシシ情報は、このような経緯の中で得られたものである。

私は、カワウ対策に携わっている狩猟者にも話を聞いてみることにした。2015年の11月のことである。すると狩猟者は、猟期などに追われたイノシシが湖を泳いで避難的に渡っているのではないかと話してくれた。葛籠尾崎の岬では、猟犬を使ったイノシシ猟が行われている。また、5～6年前、このあたりで冬に網漁をしていた漁師が泳いでいたイノシシをみたという話もしてくれた。

竹生島では、数年前からイノシシのものらしい痕跡がみられるようになり、2013年からははっきりとしたイノシシの痕跡がみられるようになった。ただ、竹生島はイノシシの食料となりそうな竹林はあるが堅果《けんか》（ドングリ類）などが少ないため、定着しているかどうかわからないし、いまのところイノシシがいても数は少ないだろうということであった。前述したように、竹生島にはイノシシの食料となりうるツブラジイ、アラカシ、シラカシ、ウラジロガシなどのドングリ類の常緑広葉樹が発達していたのであるが、カワウによる糞害の被害で大きな損害を受けたので少なくなってしまった。しかし、継続したカワウ対策の成果もあって、近年では植生も徐々に回復しつつあることから、今後の状況に注目していく必要がある。

ところで、私はカワウとイノシシの関係が気になったので、カワウの生態などに詳しい琵琶湖博物館の亀田佳代子さんにカワウのコロニーのようすを尋ねてみた。亀田さんの話によると、カワウのコロニーは生臭い（魚臭い）ニオイがし、コロニーには、カワウが吐き出した魚や卵殻などが落ちていたりするという。さらに駆除では、回収困難なカワウの死骸が残る可能性もある。亀田さんの話を聞いて私は、それらのニオイが風に乗ってイノシシに届いたならばイノシシに強いインパクトを与え、きっとイノシシを竹生島に誘引するに違いないと感じた。イノシシは特にするどい嗅覚をもっており、動物の死骸や腐肉、卵なども食べる動物だからである。

しかも、２０１０年頃から葛籠尾崎の岬でもカワウのコロニーが形成され、駆除が実施されている。葛籠尾崎の岬のカワウのコロニーは、岬の先端のほうにある。ここにも、イノシシがやってきているであろう。前述した写真やビデオに撮影された葛籠尾崎の岬の沖合を泳いでいたイノシシは、岬の先端部から泳ぎ出し、Ｕターンして先端部にもどっていった。このことも、カワウとイノシシの関係を臭わせる。また、つぎに述べる沖島の対岸の山地部の伊崎《いさき》半島にもカワウの大きなコロニーがあり、このコロニーでもイノシシの痕跡がよくみられるという。沖島の住民は、沖島に泳いでくるイノシシはこの半島部からきていると話している。

このようにしてみると、琵琶湖ではカワウとイノシシの関係にも注目する必要がありそうだ。

②滋賀県の沖島周辺

多数の島民が目撃したイノシシの上陸

琵琶湖では、沖島《おきしま》周辺でも泳ぐイノシシがみられる。前述したアンケートに滋賀県近江八幡市か

図3　琵琶湖の沖島

ら回答があり、それによると、2009年の秋に沖島（図3）に1頭のイノシシが上陸したところを多数の島民が目撃し、その後、畑のサツマイモなどが被害を受けているという。これまで沖島にはイノシシがいなかったため、島では大きな話題となった。

沖島は、近江八幡市の沖合約1・5kmにある面積1・51㎢、最高標高220mの島である。我が国の淡水湖で唯一の有人島であり、2013年の人口は330人で、多くは漁業に従事している（写真6）。当地には、沖すくい網、エリ、ヤナ、刺網《さしあみ》（小糸網）、タツベ、モンドリといった漁法がみられ、そのような漁法によりアユ、コイ、ハス、ビワマス、フナ、イサザ、ウロリ、ウナギ、エビ、シジミなどが水揚げされ、琵琶湖有数の漁業どころとなってきた。水揚げされた魚介類は、食用や養殖用として出荷されるほかに、アユやエビなどの煮物、フナずしなどの伝統料理として食されてきた。

写真６　我が国の淡水湖で唯一の有人島である沖島

沖島はまた、かつて石材業が盛んであった。沖島の石は、南郷《なんごう》洗堰《あらいぜき》、琵琶湖疏水《そすい》、東海道線の建設などに使われ、大いに活況を呈した時期があった。ここは石材を切り出す丁場が湖岸にあったため、島から容易に石材を船に積んで運搬することができるといった利点があった。このような島の石材の活用は、コンクリートやトラックなどが普及する昭和30年代までみられた。

私は、沖島周辺を泳ぐイノシシの情報収集のため２０１３年６月に沖島を訪れたが、そのときに島を歩いていると、かつての丁場の跡をみることができた。今日の沖島は、人口減少や高齢化などが進んでおり、漁業の後継者問題などをかかえている。現在の沖島漁協の組合員の平均年齢は70歳だという。さらに、当地でもブラックバスやブルーギルといった外来魚による漁業被害が出ている。沖島漁協ではこれらの外来魚の駆除に努めているが、簡単に駆除できる相手ではない。そのような島に、こんどはイノシシが泳いでやってきて、農作物に被害が出ているのだからやっかいだ。

イノシシ被害の現場

その後の沖島の状況が気になったので、私は2016年6月に近江八幡の市役所に尋ねてみた。市役所の話では、依然としてサツマイモや野菜、タケノコなどをイノシシが荒らしており、特に昨年から今年にかけては被害が多く、市役所には「島にいるイノシシを何とかしてほしい!」という島民の苦情が寄せられているという。市役所は、猟友会に依頼して駆除用の捕獲檻《おり》を島に設置しているというが、これまでのところ捕獲実績はない。

島には狩猟免許をもった人はいない。捕獲檻の見回りなども対岸に住む猟友会まかせであることから、捕獲実績もあがらないものと思われる。農作物やタケノコの味を覚えたイノシシは繰り返してそれらを食べにくることから、そのようなイノシシを捕獲しないと被害はますます深刻となる。沖島では、そのようなことを念頭において、猟友会と連携しながら島民が主体となったイノシシ対策の取り組みをする必要がある。

私は島のようすが気になったので、7月に島を訪れてみた。島には、対岸の堀切《ほりきり》新港と沖島港を結んで定期船が運行されている。その待合所で島の人たちと話をしていると、島の南東部や西部にある畑でサツマイモ、サトイモ、豆類などが被害を受けているという話やサツマイモ畑をネットで囲っていたところイノシシがネットの下側から畑に侵入してサツマイモを食べてしまったという話をしてくれた。

また偶然にも、私が乗った定期船でイノシシ対策用のパトランプを取り寄せた島民にも話を聞けた。この島民のサツマイモやサトイモなどの畑は島の西部にあり、イノシシによる被害を受けているのだが、畑が離れたところにあるので目が行き届かず、そのためパトランプでイノシシを追い払うのだという。しかし、このような脅しによる対策は、最初は効果があるものの、それにイノシシが慣れてしまうと効果がなくなってしまう。私は気が重かったが、パトランプを取り寄せたばかりの当人に、そのようなことを説明した。

写真7　イノシシがサツマイモ畑に設けられた侵入防止用のネットに穴をあけて侵入したところ（2016年7月22日撮影）

その後、私は待合所で聞いたイノシシがネットの下から侵入したという島の南東部のサツマイモ畑に行ってみた。このサツマイモ畑は、沖島の南西部にある集落から離れた場所にあった。サツマイモ畑の周りはネットで囲まれ、ネットの下側には、もぐりこめないように大きな石が並べて置かれていた。このようなネットによる侵入防止対策のようすをみたとき、私は「これではイノシシに突破されてしまう……」と暗澹《あんたん》たる気持ちになった。

ネットの周りを調べてみると、案の定、イノシシがネットに穴をあけてサツマイモ畑に侵入した箇所がみつかった（写真7）。イノシシの侵入防止柵として、ネットでは不十分なのである。侵入防止柵を設けるのならば、後述する電気柵とワイヤーメッシュ柵の組み合わせなど、強固な柵を

写真８　イノシシのヌタ場（2016年７月22日撮影）

写真９　イノシシがヤマイモを掘り起こした跡（2016年７月22日撮影）

設置する必要がある。

この被害地の近くには、イノシシのヌタ場（写真8）やヤマイモを掘り起こした新しい跡（写真9）もあった。近くには放置された竹藪もあり、ここはイノシシにとって格好の餌場となっているのだろう。

対岸から泳いでやってくるイノシシ

島民は、イノシシは沖島の東側の対岸にある伊崎半島（図3．伊崎不動がある半島）から泳いできているという。島の漁師が漁船から何度も目撃しているという。「けっこう速く泳ぐので、おどろいた」という話もよく聞かれる。伊崎半島と沖島の間は、最短で１km余りである。

当地では、伊崎半島から沖島に泳ぐイノシシのほかに、伊崎半島の南側にある湾をイノシシが泳いでいるところも目撃される（写真10）。この目撃談は、沖島港と対岸の堀切新港を結ぶ定期船の船

写真10　泳ぐイノシシが目撃される伊崎半島の南側の湾

員から聞いた。定期船は、ちょうど湾を横断して二つの港を往復するので、湾内を泳ぐイノシシはそのようなときに目撃されるのである。この船員は、これまでに湾内を泳ぐイノシシを５～６回目撃していた。目撃する時間帯は朝方や夕方が多く、イノシシは伊崎半島のほうから泳いできたという。昨年の秋から冬にいたるころには、親子と思われる３頭のイノシシが泳いでいたという。

沖島の対岸には、最高峰である奥島山（標高４２４ｍ）や長命寺山（標高３３３ｍ）などを有する山塊がある（図３）。この山塊は、かつて琵琶湖最大の島で、奥津島《おきつしま》（奥島ともいわれる）といわれた。しかし、いまでは干拓などで湖東平野とつながってしまった。この山塊の北東部に伊崎半島がある。

現在、この山塊にはイノシシが生息している。しかし、古くからイノシシが生息していたわけではなく、１９９１年頃からイノシシが目撃されるようになった。当地の東南方向にある山地部には古くからイノシシが生息していたので[5]、これらのイノシシの一部が当地にやってきたものと考えられる。

当地にやってきたイノシシはその後繁殖し、周辺の農家の農作物に多大の被害をもたらすようになった。奥島山をピークとする山塊の南側には島町《しまちょう》や白王《しらおう》町といった集落があるが、１９９４年

写真11　電気柵とワイヤーメッシュ柵を組み合わせた侵入防止柵

に初めてこれらの集落の農地で農作物被害が発生し、2002年頃から被害が深刻化していった。増大するイノシシの被害に対して、当地では、ネット柵、ワイヤーメッシュ柵、金網柵といった侵入防止柵の設置、耕作地の周辺の雑木林や竹林などの伐採と跡地への家畜の放牧による緩衝《かんしょう》地帯づくり、有害獣駆除などの対策を行ってきた。駆除は1997年から始まり、その後の10年間で約500頭ものイノシシが駆除された[6]。駆除の方法は、箱罠による捕獲である。当地では、いまなお被害がみられ、電気柵とワイヤーメッシュ柵を組み合わせた侵入防止柵の設置(写真11)や捕獲檻による駆除が行われている。

ところで、当地の山塊や沖島は、以前から「鳥獣保護区」となってきた。当地でイノシシが目撃され出す1991年の頃もすでに鳥獣保護区であった。鳥獣保護区では、イノシシなどの狩猟は禁止される。したがって、猟期には周囲で追われたイノシシがここに逃れてくる可能性がある。私がかつて大津市の栗原地区で電波発信機をつけて調査した親子のイノシシは、猟期の間は近くの鳥獣保護区に滞在していた[7]。

当地では有害駆除は実施されてきたが、猟期の狩猟が禁止されてきたことからそれなりのイノシシが生息し、生息密度も比較的高い状態が維持されてきたと推察される。それは、当地の山塊が小さいにもかかわらず平均して年間50頭ほどのイノシシが継続して捕獲されてきたことからもうかがえる。また、伊崎半島にはカワウのコロニーもある。ここではイノシシの痕跡がよくみられる。

当地のイノシシが沖島に分散しているのか、沖島を行動圏の一部としているのかなどの検討は今後の課題であるが、当地の湖を泳ぐイノシシはこのような状況の中で目撃されるようになった。沖島に泳いで渡るイノシシについては、２０１５年６月26日付のインターネットでも紹介されている(8)。このときもまた、対岸から泳いできたイノシシが沖島に上陸したという。

2　宇和海や瀬戸内海を泳ぐイノシシ

①愛媛県の日振島周辺

海を泳ぐイノシシ発見！

写真12は、日振《ひぶり》島から御五神《おいつかみ》島方面に泳いでいるイノシシである。このイノシシは、２００９年６月９日午前７時53分に、日振島に住む畠山拓人さんによって撮影された。畠山さんは「船で御五神島に素潜り漁に行く途上でみつけ、最初は流木かと思ったら、イノシシだった。船で近づいた影響もあったのかもしれないが、思ったより速く泳いだのでびっくりした」という。日振島がある宇和海を泳ぐ

写真12　宇和海を泳ぐイノシシ
（畠山拓人さん提供）

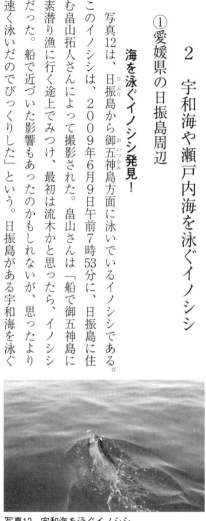

イノシシは、いまやめずらしくなく、このように写真に収められることもある。

私が宇和海を泳ぐイノシシの情報を集めるために現地を訪れたのは、2006年6月が最初である。宇和海に面する愛媛県宇和島市で狩猟者たちに話を聞いてみると、海を泳いで島に渡るイノシシが話題になったのはここ10年ほどのことであり、いまや「イノシシが海を泳いで島に上陸するのを釣り船が目撃した」といったような話はめずらしくなくなったという。

これまで宇和海に浮かぶ日振島、御五神島、黒島、戸島、嘉《か》島、竹《たけ》ケ《が》島、九《く》島などにはイノシシがいなかったが、近年、四国の本島部から島つたいに海を泳いでやってきたというのである（図4）。なかには、豊後水道の海を泳ぎ、九州方面からイノシシが泳いできたのを目撃した漁師もいるという話もあった。九州と四国の間によこたわる豊後水道はゆうに20kmはある。

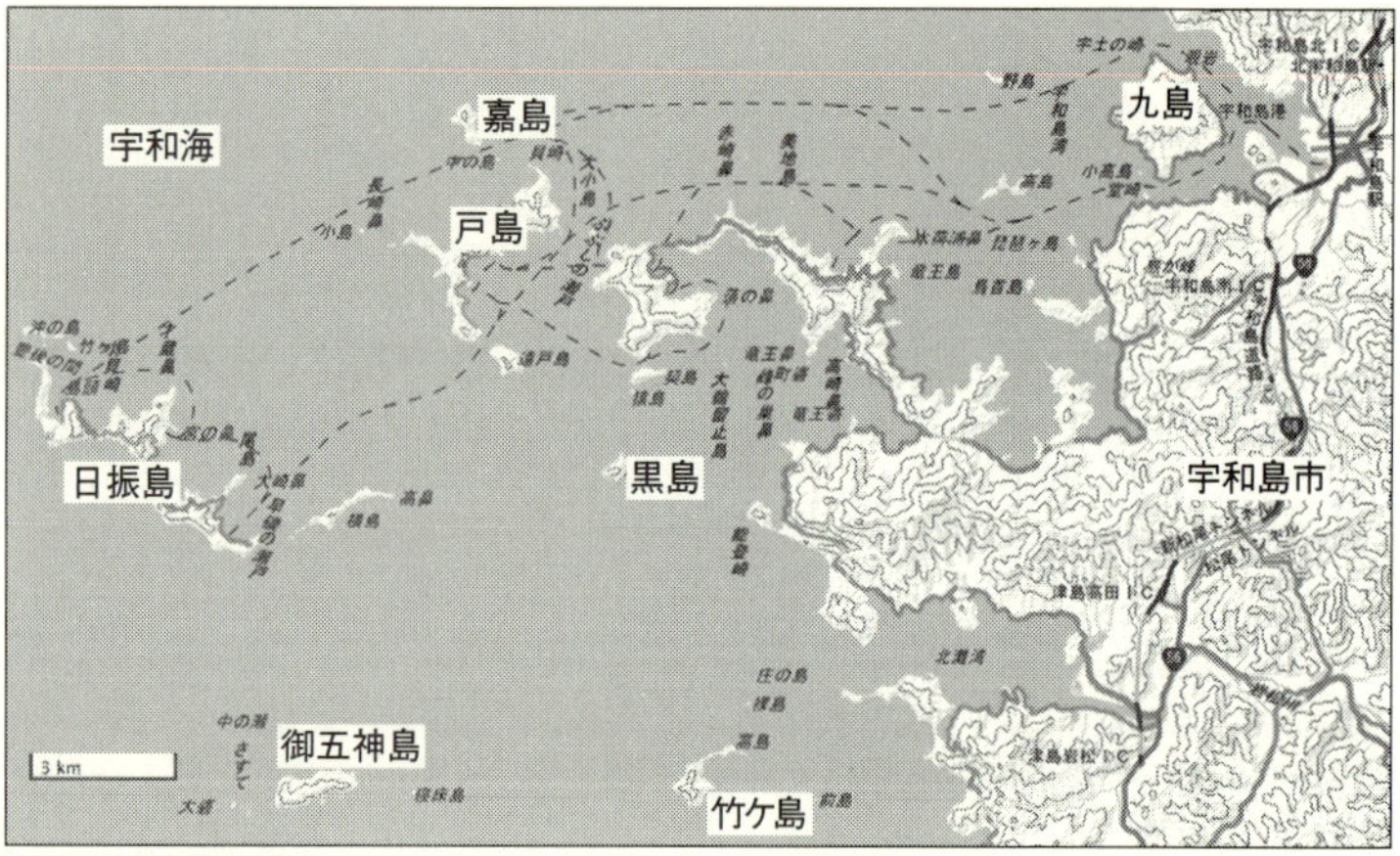

図4　宇和海の島々

写真 13　日振島に渡ったイノシシ
（2010年８月11日21時12分撮影）

写真 14　森や藪に覆われる日振島
（2010年８月撮影）

日振島に渡ったイノシシ

海を泳ぐイノシシの興味はつきず、私は２０１０年8月にも当地を訪れた。今度は自動撮影カメラを持参し、島のひとつである日振島に渡った。海を泳いで島にやってきたイノシシを撮影するためである。写真13は、そのときにカメラに写ったイノシシである。畠山さんから泳ぐイノシシの写真と情報を入手したのも、このときだった。

日振島は、面積が３・７４㎢の細長い島で、標高の最も高いところは１９７ｍある。島を縫うようにして走る細い道を行くと、イノシシが通る獣道やイノシシが食料を探して掘った跡がいたるところにあった。かつては島一面に段畑《だんばた》がひろがっていたが、高度経済成長期の頃から働き手が島外に出たため段畑を耕作する者がいなくなり、放棄された段畑は森や藪になってしまった（写真14）。

このような場所は、島に渡ってきたイノシシにとって格好の生息地となっている。そのような場所にある獣道にカメラを設置したところ、いとも簡単にイノシシの写真がとれた。それが先ほどの写真13である。

日振島の人々の話によれば、島で最初にイノシシが発見されたのは20年ほど前で、そのイノシシは段畑に設けられた肥《こえ》つぼに落ちて死んでいたそうだ。その後、イノシシはまたたく間に増え、いまでは農作物の被害はもちろん、「イノシシと車がぶつかるような事態が発生している」、「畑で作るサツマイモをはじめタケノコや山にある自然薯《じねんじょ》なども、ことごとくイノシシにやられてしまう」、「イノシシの被害が大きいので、なかには畑で作物を作るのをあきらめた人もいる」といった話がつぎつぎと出てきた。

日振島のネズミ騒動

かつて、日振島では急斜面を切り開いて一面に段畑が作られ、サツマイモ、麦、ジャガイモが栽培されていた。人々は、マイワシ漁やカタクチイワシの煮干し作りなどを行いながら、半農半漁のくらしを営んでいた。

この島にはドブネズミがいて、1950年頃から高度経済成長期の初めの頃にかけて「ネズミ騒動」が起こった。異常発生したドブネズミがサツマイモ、麦、イリコなどを食い荒らし、家具や衣類などにも多大の被害を与えた。『日振島のはなし』(9)によると、当地には野鼠撲滅《やそ》対策委員会が結成され、猫イラズ、デスモア、フラトールなどの薬剤による駆除、捕鼠器《ほそき》による駆除、ヘビやネコの導入など、ありとあらゆる方法によるネズミ退治が行われた。

この時期のドブネズミの繁殖とその被害、住民の必死の対応はいまでも語り草となっており、ドブネズミの死骸は確認されたものだけでも50万匹に達したといわれる。写真15と16は、『日振島のはなし』の中で紹介されているネズミの駆除のようすである。写真15は一晩で駆除されたドブネズミであり、写真16は段畑での共同駆除作業である。

『日振島のはなし』によれば、日振島におけるネズミ騒動は高度経済成長期とともに終息していっ

写真15　一晩で集められた駆除されたネズミの死骸
（宇和島海岸野鼠駆除対策委員会提供）

写真16　山頂まで開墾された段畑とネズミの共同駆除作業
（宇和島海岸野鼠駆除対策委員会提供）

たという。もちろん必死の駆除作業の効果もあるが、それとともに、当時の経済構造の変化の中で島から働き手が島外や都市部に流出し、段畑を耕作する者がいなくなったため段畑は藪や森と化し、また海岸の浜でもイワシ煮干しなどをする者がいなくなり、ドブネズミの生息環境が失われたためだという。

このようにしてネズミ騒動は終焉するのであるが、皮肉なことに、藪や森と化したところは海を泳いでやってきたイノシシにとって格好の棲家となってしまった。写真16からうかがえるように、日振島に限らず、かつて多くの島では島の頂付近まで耕作地がひろがっていた。そのような環境には、ネズミなどの小動物が格好の棲家を見出していたが、大型のイノシシは棲むことが不可能だった。写真14と16を比較すると、時代の変化のようすがよくわかる。

図５は、日振島の人口推移を示したものである。１９５０年に２３０９人だった島の人口は、高度経済成長期の１９７０年には８９７人となり、急激な人口減少をみることになった。島の人口はその後も減少し、２０１０年には３４３人となった。このような高度経済成長期以降の人口減少は、日振島に限らず多くの島でみられる現象である。

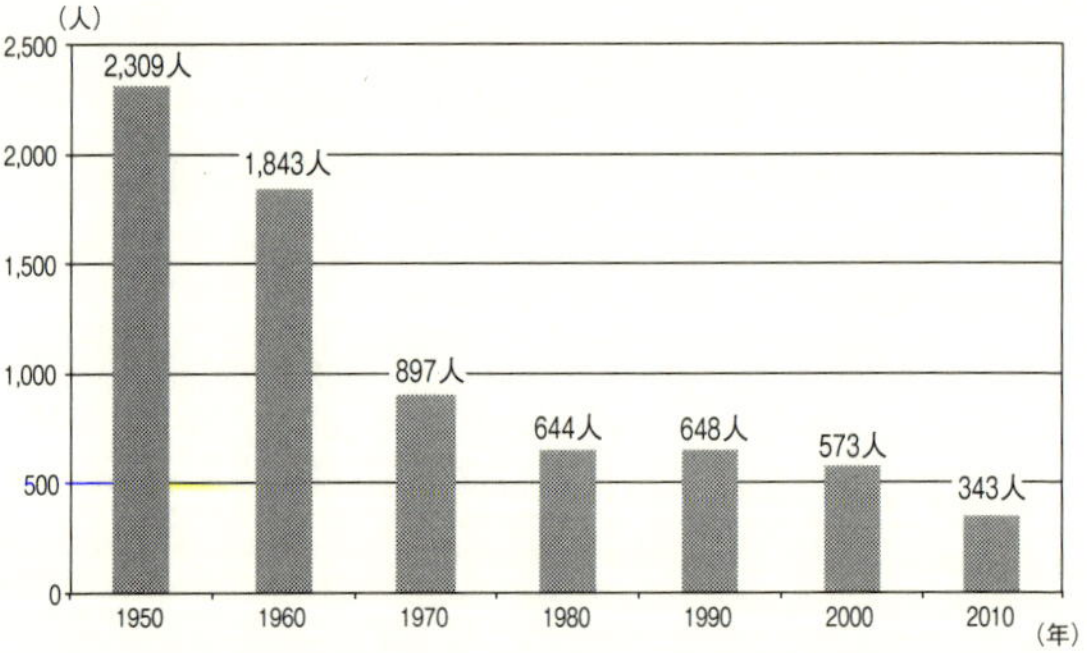

図５　日振島の人口推移（『日振島のはなし』より作成）

海賊と日振島

日振島は、「藤原純友《ふじわらのすみとも》の乱」の島として知られる（写真17）。純友は近隣の海賊たちをたばね、海賊の総首領として官物や私財を強奪したといわれる。いまから１０００年ほど前の話である。この話は、１９７６年のＮＨＫ大河ドラマ「風と雲と虹と」で放送され、緒形拳《おがたけん》が藤原純友役を演じて人気番組となったのでご存知の方も多いであろう。海賊の総首領の純友は、日振島を根拠地にしていたとされる。

写真17　藤原純友の砦跡と記念碑

１０００年を経た今日、このような日振島を舞台に海を渡ってきたイノシシが暴れている。藤原純友率いる海賊たちは、宇和海を拠点に豊後水道や瀬戸内海の各地で猛威をふるったが、今度はそれらの海と島を舞台に海賊よろしくイノシシが暴れているのである。宇和海では、日振島以外の島でも海を泳いでやってきたイノシシの被害が出ている。これらの島では、農作物を食べたり踏み荒らしたり、地中の餌を探して段畑の石垣を崩すため大雨などのときに斜面が崩壊するといった問題がみられる。また、イノシシが民家裏にまで出没するため人身被害も起きている。

②広島県の倉橋島周辺

灯台見回り船が発見した泳ぐイノシシ

瀬戸内海のほうに目をむけてみよう。瀬戸内海でも海を泳ぐイノシシが話題になっている。写真18は、広島県の倉橋島（69・45㎢）の沖を泳ぐ2頭のイノシシである。この写真は、呉海上保安部の灯台見回り船「あきひかり」の乗組員が、2002年11月14日の午後0時5分頃に広島県倉橋町鹿島の東約500mの海上で撮影したものである。

この海を泳ぐイノシシはマスコミでも取り上げられ、当時のようすを中国新聞はつぎのように伝えている。

「あきひかりは灯台点検で航行中、体長1mの2頭が鹿島から南東に向けて泳いでいるのを発見。追跡したところ、泳いで逃げ回った末、約15分後に鹿島に上陸して山に逃げたという。25年間、瀬戸内海で仕事をしている船長は『頭と背中の一部を水面に出し、犬かきの要領で器用に泳いでいた。人間がゆっくり泳ぐくらいの速さだった』と、初め

写真18　広島県の倉橋島沖を泳ぐイノシシ（呉海上保安部提供）

ての遭遇におどろいていた。瀬戸内の島々も近年、イノシシによる農作物被害が相次ぎ、『イノシシは海を渡って来た』との説が有力で、蒲刈《かまがり》、音戸《おんど》両町で漁民らの目撃証言もあった」

　広島県の倉橋島、鹿島、上《かみ》蒲刈島、下《しも》蒲刈島などの島々の周辺（図６）では、海を泳ぐイノシシの目撃があいつぐ。これらの島でも、これまでイノシシの姿をみなかったのであるが、近年イノシシが棲みつくようになった。

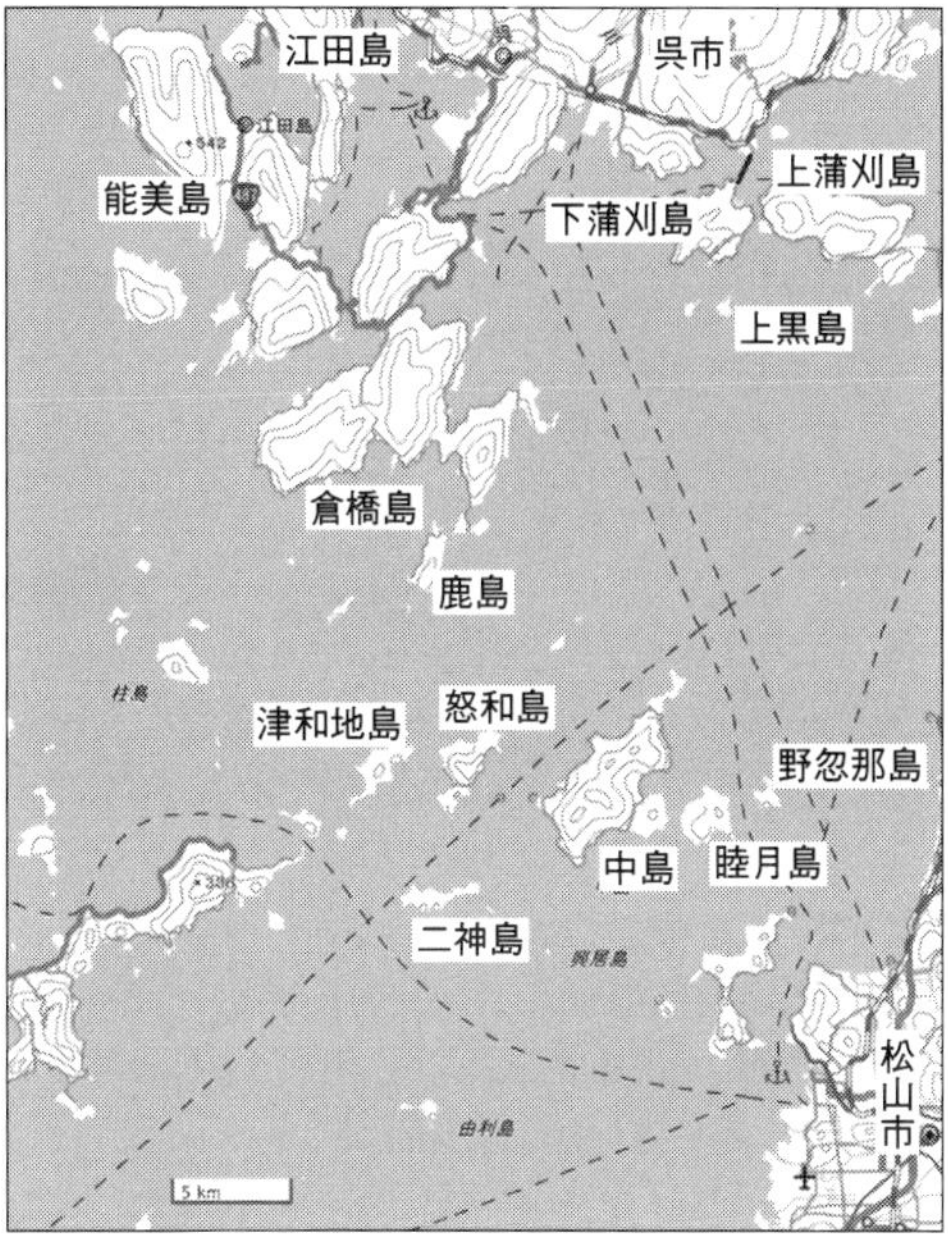

図６　倉橋島周辺と中島周辺の島々

飼育イノシシの野生化と被害発生

　倉橋島では、１９８５年頃に飼育されていたイノシシが逃げ繁殖したといわれる[10]。そして、農作物や果樹などへの被害が発生した。そのため１９９０年代から駆除が始まり、駆除数は、２０００年２９９頭、２００１年６８９頭、２００２年７００頭、２００４年９７７頭とどんどん増加していった。新聞記事に泳ぐイノシシが掲載されたのは、このような時期のことである。

倉橋島周辺では、芸予《げいよ》諸島の上黒《かみくろ》島でも飼育目的で島にイノシシが放たれたことがある。その数は雄雌合わせて12頭で、これらのイノシシは泳いで島外に逃げたといわれる。イノシシが泳ぐところが目撃され、その後、約2km離れた対岸の上蒲刈島や下蒲刈島でイノシシの被害が発生するようになった[11]。私は、2012年4月にこれらの島を訪れたが、島では柑橘類、イモ類、タケノコなどに被害が出ていて、ミカン畑などを囲うワイヤーメッシュ柵や漁網などを使った侵入防止柵が各所にみられた（写真19）。

③愛媛県の中島周辺

海を泳いでやってきたイノシシ

ところで、写真18が載った記事にあるイノシシは鹿島から南東に向けて泳いでいたということであるが、その先には愛媛県の松山沖の中島、睦月《むづき》島、怒和《ぬわ》島、津和地《つわじ》島、二神《ふたがみ》島などがある（図6）。

私は、愛媛県の島嶼《とうしょ》部のイノシシの生息や被害の状況を知るために、2006年にまず県庁の自然保護課を訪れ、その足で中島や睦月島などが属する松山市の市役所を訪れた。松山市役所では、市役所の中島支所の産業経済担当の杉野重遠さんを紹介してもらった。杉野さんは、松山沖の島々

写真19　イノシシの被害対策のための侵入防止柵（上蒲刈島）

のイノシシ情報に詳しいというので、さっそく私は杉野さんと連絡をとり島に渡ることにした。

杉野さんからは、中島を含む当地の島々に海を泳いでイノシシがやってきているいろいろな話を聞くことができた。当地の島々でもこれまでイノシシは生息しなかったのであるが、中島（21・27㎢）では２００５年からイノシシによる農作物被害が出始め、地区によってはイノシシが人家裏まで出没するようになった。そして、サツマイモの食害、タマネギ苗床の踏み付け、ミカンの実の食害や枝折り、ミカン畑の掘り起こしなどが生じたため、島では被害対策のために捕獲を始めた。捕獲数はすでに年間20頭ほどになり、中島はミカン栽培に力をいれてきた島なので、イノシシによるミカンへの被害は大きな問題となった。

中島周辺では、イノシシが泳いだり、島に上陸したところを目撃したという情報がいくつもあった。たとえば、２００３年11月に中島の北端部に３頭のイノシシが上陸したという目撃情報があった。２００４年11月１日の昼には、中島の北西部にある小学校前の海岸に１頭のイノシシが上陸するのを先生が目撃した。このイノシシは、砂浜を行ったりきたりしていたが、やがて海岸にある階段を上り山に入って行った。２００５年の４月〜５月にかけても、中島に上陸するイノシシが釣り船に目撃された。同時期、睦月島にも２頭のイノシシが上陸するのを釣り船が目撃した。神島でも、２００４年10月の夜間に１頭のイノシシが上陸したといわれる。

ＤＮＡ分析

愛媛県の松山市の沖にあるこれらの島々は、四国の本島部に近い。四国の本島部には古くからイノシシが生息してきたので、そこから海を泳いで島づたいにくるほうが理にかなっているようにみえる。しかし、前述したような倉橋島や鹿島などの方面から泳いでくる可能性もある。

そこで私は、中島で捕獲された20頭以上のイノシシのサンプルを現地から送ってもらい、全国的なイノシシのDNAのデータベースを作成されていた岐阜大学の石黒直隆先生に分析をお願いし、当地のイノシシの来歴を検討してみることにした。その結果、中島のイノシシからは四国4県のイノシシのデータベースにない型が検出された[12]。

このような分析のもとに、距離や位置関係を考慮しながら中島のイノシシの出生地を検討すると、当地のイノシシは本州の中国地方に由来すると考えるのが妥当ということになろう。さらにしぼって、仮に倉橋島方面から泳いできたとすると、倉橋島と中島の距離は直線で10㎞ほどあり潮の流れも強いといわれることから、イノシシの泳ぐ能力はかなりのものであるということになる。

周辺の島に渡るイノシシ

最近、松山市の沖にある島々のイノシシの生息状況について新たな調査が行われた。それによると、松山市沖の島嶼部では、まず広島県の鹿島方面から津和地島、怒和島、中島方面にイノシシが海を泳いでやってきた。そして、これらの島々でイノシシが繁殖し増加した結果、睦月島、二神島、野忽那《のぐつな》島に生息地を拡大させたという[13]。

④山口県の屋代島周辺

目撃される泳ぐイノシシ

この周辺には、山口県の柱島、屋代《やしろ》島（周防《すおう》大島）、平《へい》郡《ぐん》島といった島々もある（図7）。当地でも、近年イノシシが海を泳いで島に渡っている。今回実施したアンケート調査に回答してくれた岩国市役所によれば、2008年頃から柱島でイノシシによるミカンやタケノコの被害が出るようになったという。ここでも海を泳ぐイノシシが目撃されている。イノシシは、広島県の倉橋島・能美《のうみ》島・江田島方面や山口県の屋代島方面から泳いできたのではないかといわれている。

島に渡り被害を与えるイノシシ

周防大島町役場によれば、屋代島（128・48㎢）では2002年頃からイノシシによる被害がみられるようになり、現在ではミカン、サツマイモ、サトイモ、タケノコなどに大きな被害が出ている。屋代島にも海を泳い

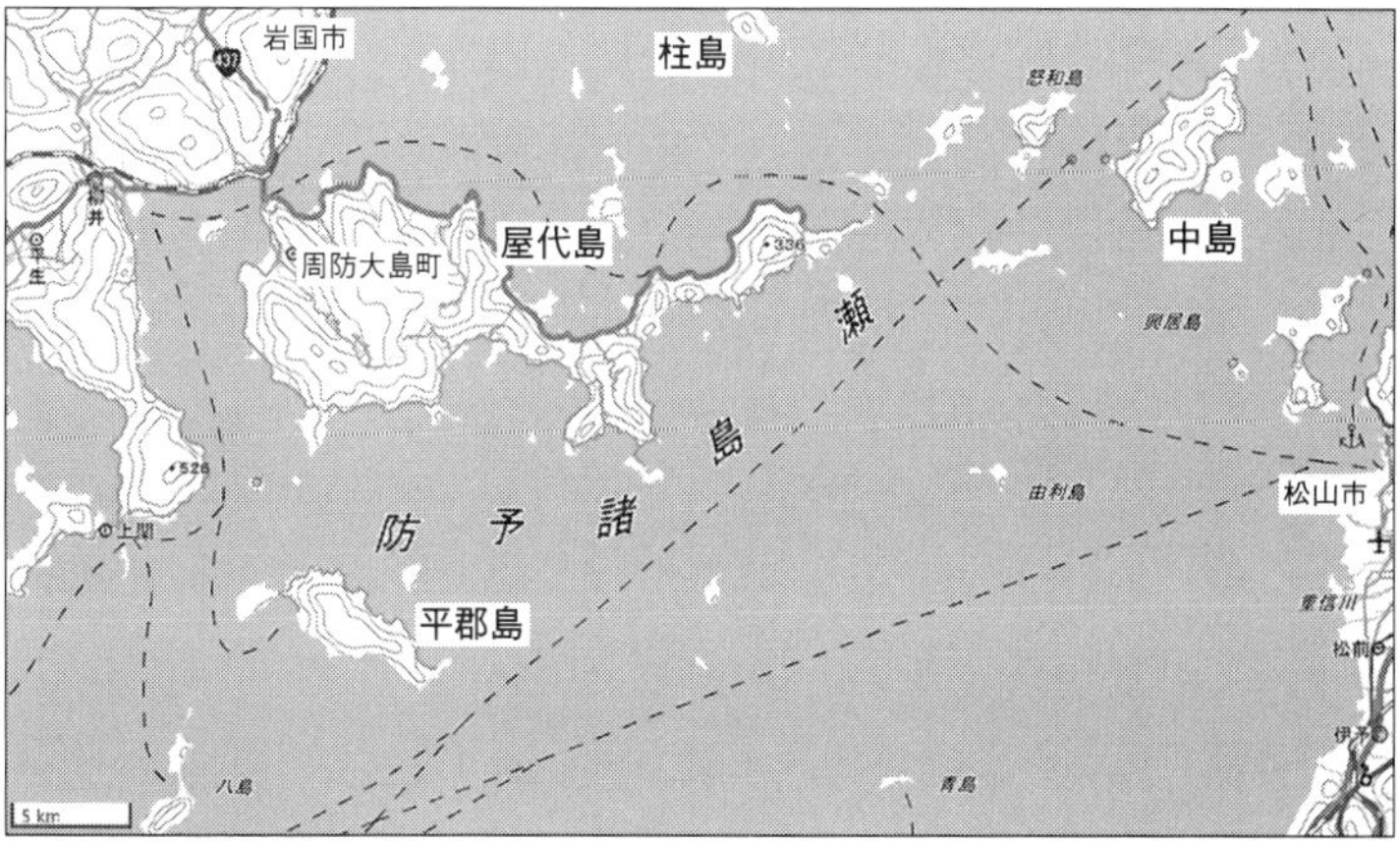

図7　屋代島周辺の島々

でイノシシがやってきたといわれ、ここで繁殖したイノシシは屋代島の南にある平郡島に泳いで渡っているといわれる。屋代島の南にある平郡島の海岸にはイノシシの死骸がうちあげられることがあったが、２０１０年頃から島内でイノシシが目撃されるようになり、ミカン、サツマイモ、イネなどに被害が出るようになった。

⑤香川県の小豆島周辺

いまや瀬戸内海のいたるところで泳ぐイノシシが目撃され、イノシシが上陸した島では軒並みイノシシの被害が発生している。小豆島（１５３・２５㎢）周辺（図８）も例外ではない。写真20は、小豆島の池田湾（図８）の沖を泳ぐイノシシである。高松海上保安部の船から撮影されたもので、撮影日時は２００８年10月30日午後０時25分である。当時の共同通信社の記事には、「約７㎞離れた四国の本島部の高松市庵治《あじ》町方面から泳いできたもようだ」との談話が載っている。

明治時代に絶滅したイノシシ

小豆島はかつてイノシシやシカの農作物被害に苦しみ、江戸時代には島全体を囲むかのようなシシ垣を構築して被害対策を行った。シシ垣とは、イノシシやシカが農耕地に侵入しないように設けた垣のことである。小豆島では、花崗岩や土を積み上げ、万里の長城さながらの大規模なシシ垣が作られた。小豆島の山すそや山中には、いまもその遺構が各所に残っている（写真21）。

このように小豆島はイノシシやシカの農作物被害が深刻な島であったが、明治時代になって島か

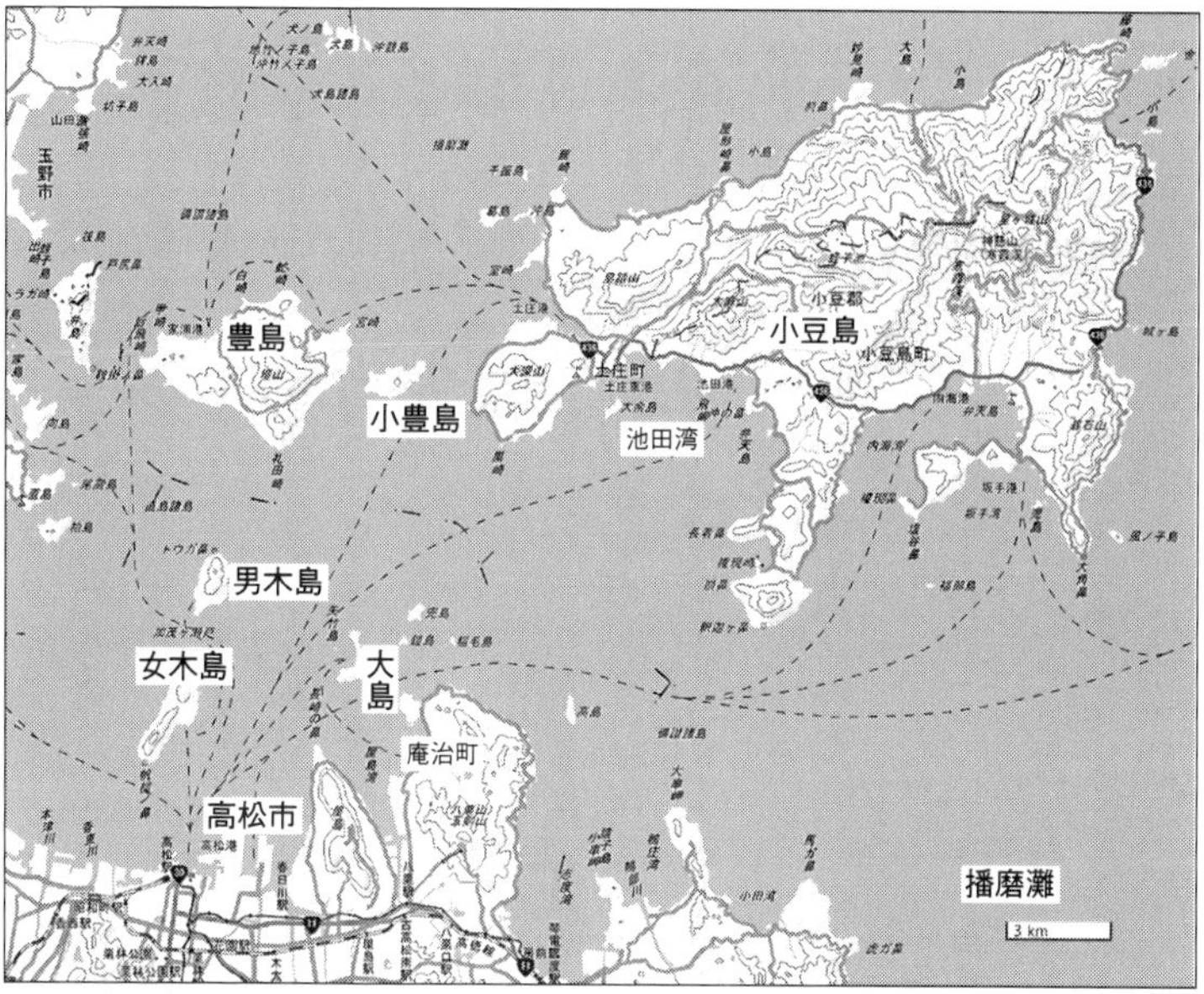

図８　小豆島周辺の島々

写真20　香川県の小豆島沖を泳ぐイノシシ（高松海上保安部提供）

らイノシシがいなくなる。それは、1875年（明治8）に流行した獣疫《じゅうえき》（獣の伝染病）により絶滅したためだといわれる。

以後、小豆島では100年余りにわたってイノシシの姿をみることがなかった。ところが、1927年（昭和2）のことであるが、一度、旧大部《おおべ》村の少年が山中でイノシシの死体を発見するようなことがあった[14]。詳細は不明だが、このイノシシもまた、当時、外部から小豆島に泳いできたものかもしれない。

飼育イノブタの野生化

このような単発的な情報以外に、小豆島では長い間、イノシシの目撃、捕獲、被害の情報はなかった。ところが、1990年頃からイノシシの目撃情報があいつぐようになった。

再び目撃されるようになったイノシシについて、私は2000年6月に小豆島を訪れ狩猟者たちに話を聞いてみた。そのときの情報には、1974年と1976年の台風時に飼育されていたイノブタの柵が壊れ10頭ほどが逃げたというものと、1990年頃に動物園で飼育されていたイノブタが2～3頭逃げたというものがあった。逃亡したイノブタはその後野外で増え、1997年頃から捕獲の対象になったという。

写真21　小豆島に残る江戸時代のシシ垣

イノブタは、ブタ（イノシシを家畜化したもの）とイノシシの交雑種で、野生化が進むとイノシシとそれほど変わらない姿となっていく。小豆島で再び目撃されるようになったイノシシは、このような野生化したイノブタの可能性がありそうだ。

泳いでやってくるイノシシ

しかし、小豆島にも海を泳いでイノシシが渡ってきている。先に示した写真のイノシシは、約７km離れた高松市庵治町方面から泳いできたようだ。この写真が撮影された年の12月10日には、同じく四国の本島部のさぬき市方面から泳いできて小豆島に上陸したイノシシを釣り船が目撃している[15]。

私は、小豆島周辺の海を泳ぐイノシシの情報を集めるために、２０１４年11月にも小豆島を訪れた。小豆島町役場で話を聞いたが、海を泳ぐイノシシ情報はこの年の４月以降だけでも５件あった。小豆島に向かって泳いでいたもの、小豆島に上陸したもの、小豆島の湾内を横断するように泳いでいたものなどである。２０１４年11月５日の事例は、海を泳いできた７頭の親子が上陸し、山の中に入っていったというものだった。これらの情報は、フェリーの船員や小豆島海上保安署などから寄せられた。当地では、海岸にうちあげられたイノシシの死骸もみつかっている。

小豆島ではまた、本州の岡山県側から、豊島《てしま》、小豊島《おでしま》（図８）といった島つたいにイノシシが海を泳いでやってきているという話もある。小豆島のイノシシは、野生化したイノブタと海を泳いでやってきたイノシシの混成部隊なのだろう。このようにして、再びイノシシが生息するようになった小豆島では、サツマイモ、ミカン、オリーブ、タケノコ、野菜類、イネなどに被害が発生している。また、イノシシが石垣を崩したり農道の法面を掘り起こす被害、走行中の車とぶつかる事故なども起きている。

この周辺では、高松市沖にある男木島《おぎじま》、女木島《めぎじま》、大島（図8）にも近年イノシシが生息するようになった。高松市役所によれば、2010年頃からサツマイモ、落花生、野菜類、スイセン（男木島の灯台近くの遊歩道や斜面に植えられ、観光スポットになっている）などに被害が出ている。当地でも、漁船や内航船の乗組員などにより海を泳ぐイノシシがたびたび目撃されていることから、これらの島にも海を泳いでイノシシがやってきているのだろう。

3　九州の海を泳ぐイノシシ

①長崎県の壱岐島周辺

目撃されたイノシシの上陸

２０１０年６月４日に、長崎県の壱《い》岐《き》島（図９）の南端にある岬、海豚《いるか》鼻で釣りをしている人から「イノシシらしい動物が上陸した」との目撃情報が警察に寄せられた。上陸した動物は１頭で、その場所は「あと岬」と呼ばれるところだった（写真22）。

壱岐島では、この後、同年の10月、11月、翌年の１月、６月とあいついでイノシシの漂着死骸が海岸で発見された。いずれも島の南部や西部である。

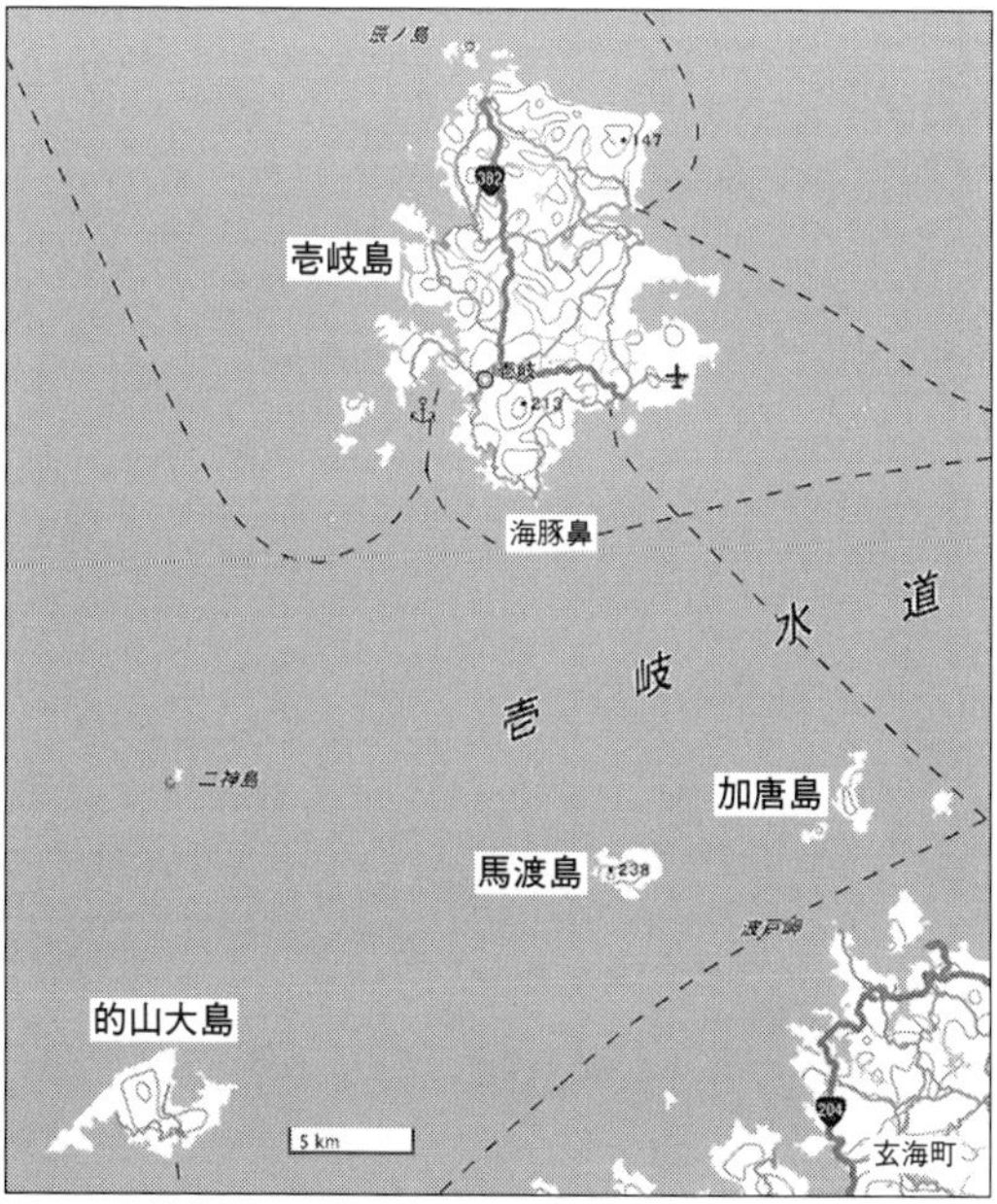

図９　壱岐島周辺と馬渡島周辺の島々

イノシシ騒動

このような中で、2010年の8月から9月にかけてイネの踏み倒しなどの被害があり、被害場所にイノシシのものらしい足跡が残されていたことから、イノシシ騒動が起きるようになった。

壱岐島は面積が134・63㎢あり、水田や野菜畑などがひろがる。肉用牛の飼育も盛んで、メロン、イチゴ、アスパラガスなどの施設園芸も行われている。壱岐島にある約2000年前の弥生時代の原の辻遺跡からは、イノシシの下顎《したあご》などの骨が出土しているが、当地では長い間イノシシがいない時代が続いた。そのような壱岐島に、突然イノシシが現れたのだ。

写真22　イノシシが上陸した付近

水田被害や足跡などの情報は局所的であり、まだ大きな被害が出たわけでなかったが、イネが倒されイノシシのものらしい足跡が残されていたことから、島の人たちには大きな不安がひろがった。さっそく、壱岐市や県、JAなどで組織する壱岐地区イノシシ対策連絡会議が設置された。イノシシによる農作物被害の深刻さは全国各地で問題になっていたので、島に大きな不安が走ったのは当然だ。

　このような時期、私は２０１１年９月に壱岐島を訪れた。長崎県農林部の鳥獣対策班の平田滋樹さんに連絡をとり、平田さんから長崎県壱岐振興局の坂口ひかるさんを紹介してもらい、坂口さんに現地を案内してもらった。イノシシが上陸しているらしいが、水田の踏み倒し跡に残された足跡や掘り起こしなどが散発的にみられるだけでイノシシ自体の目撃情報はなく、島にはなんとも不気味な雰囲気が漂っていた。１頭なのか、それとも複数いるのか？　オスもメスもいるのか？　いったい、どれくらいいるのだろう？　なんともいえない不気味さを感じ、身震いする思いであった。

「まだ壱岐島にいるイノシシの数は多くないとみられるので、何とかこの時点でイノシシを捕獲したいものである。しかし、イノシシが繁殖し始めたらたいへんなことになる。壱岐島にはイノシシの食料となる堅果のなる木も多い。そのような山林とともに水田や畑が各所にみられ、農作物への被害が深刻になるのは目にみえている」と、このとき強く思ったことを思い出す。

　壱岐島を訪れたとき、自動撮影カメラを持参していたのでイノシシのものらしい足跡などがみられる近くに設置してみたが、１ヵ月後に坂口さんに回収してもらったカメラにはイノシシは写っていなかった。

　壱岐島では、島の南部でイノシシの上陸が目撃され、また漂着した死骸が発見されている。長崎県の資料によれば、２０１０年10月に漂着した死骸はオスで年齢は2歳未満、同年11月に漂着した死骸はメスで年齢は2歳未満とされる。状況からして、南のほうから泳いできたイノシシが上陸したり、途中で力尽きて死骸となって漂着したのであろう。

初めて捕獲されたイノシシ

壱岐島ではその後、２０１２年に自動撮影カメラによってイノシシの生息が確認され[16]、２０１４年３月には体重90kgのメスのイノシシが捕獲された。２０１０年に島に上陸するイノシシが目撃されたときから４年近くが経過し、初めてイノシシが捕獲されたのだ。このイノシシは成獣のメスであったが、出産したようすはなかった。

初めて捕獲された成獣のメスイノシシに出産したようすがなかったのは、ひとつにはオスとの出会いがなかったということが考えられ、壱岐の島に存在するイノシシの数は多くはないようである。２０１６年４月に、壱岐市の農林課にその後の島のイノシシの情報を尋ねてみると、いまもなおイノシシの足跡などの痕跡がみられるが、生息している数は極めて少ないのではないかとのことであった。

壱岐島では、島外から泳いで島に上陸するイノシシを防ぐため、漁業関係者にも情報提供を呼びかけている[17]。

②佐賀県の馬渡島周辺

泳いでやってくるイノシシと被害発生

ところで、壱岐島と九州の本島部の間には、佐賀県の馬渡島《まだら》（４・２４㎢）や加唐島《かから》（２・８３㎢）、長崎県の的山大島《あづち》（15・１６㎢）などの島がある（図９）。これらの島が属する唐津市や平戸市の市役所に確認してみると、近年これらの島にもイノシシが海を泳いで渡ってきていた。加唐島へは２０００年、馬渡島へは２０１０年、的山大島へは２００２年頃に上陸したという。そして、これらの島ではイノシシが繁殖し、イネ、サツマイモ、野菜などの農作物被害、道路や用水路の掘り起こしなどの被害が生じていることがわかった。

２０１５年9月24日の佐賀新聞には、「加唐島では過疎化や高齢化が進み、いまでは島民の数は１０５人で、65歳以上の人口が7割を占める。このような島に、15年ほど前に九州の本島部からイノシシが泳いできて繁殖している。その数は、住民の数より多い３００頭以上になるだろうという。島では、カボチャやサツマイモなどに多大な被害が出ており、イノシシの掘り起こしにより法面が崩れたり、落石で家のサッシが壊れたりしている。島では、住民や釣り客への安全上、猟犬や猟銃を使った駆除はせずに箱罠による駆除を実施している。駆除される数は、年間に30～50頭ほどである」といった加唐島のイノシシの記事が掲載されている。

加唐島はじめ馬渡島や的山大島などの島でも、これまでイノシシの生息をみなかった。したがって、この周辺の島々のイノシシは、九州の本島部から海を泳いでやってきたか、島から島へと泳いで渡ってきたと考えられる。

撮影された泳ぐイノシシ

このような九州北部の海でも、海を泳ぐイノシシが写真に撮られている。写真23は、２０１０年10月11日の午前10頃に、長崎県松浦市の金井崎沖約２㎞の伊万里《いまり》湾でパトロール中の伊万里海上保安署の署員が撮影したものである。このイノシシもまた新聞に取り上げられ、記事は「イノシシは体長は50㎝ほどで、穏やかな海面に鼻を突きだし、犬かきのように泳いでいた。巡視艇に乗っていた職員が湾の対岸の松浦市福島町に向かっているのを発見、上陸するのを見届けた。泳ぎ始めた地点は不明だが、最短でも2・5㎞は泳いだことになるという」と伝えている。

写真24（①～④）は、長崎県北部の平戸島の東方の海を長崎県佐世保市の方向に泳ぐ2頭のイノシシである。これらは、2010年12月6日の午前9時43～48分の間に撮られた連続写真である。当時、平戸海上署の巡視艇に乗ってい た河崎輝希さんが撮影した。私は、さっそく河崎さんに連絡をとり、写真を入手するとともに当時のようすを聞いてみた。

河崎さんは当時の状況を、「これら2頭のイノシシは連なるように泳いでいたが、巡視艇におどろいたのか、途中から並列になり、最後は別々の方向に泳ぎ始めた。鼻を海面に出し、犬かきのような泳ぎ方をしていた。泳ぐスピードは、正確にはわからないが、秒速1～2m（時速3・6～7・2㎞）くらいで、水しぶきが多く、イノシシの周りには小さな波が立つほどの勢いがあり、スピード

写真23　九州北部の伊万里湾を泳ぐイノシシ
（唐津海上保安部、第7管区海上保安本部提供）

①連なるように泳ぐ２頭のイノシシ

②連なるように泳ぐ２頭のイノシシ

④離れて泳ぐイノシシ

③正面からみた泳ぐイノシシ

写真24　九州北部の海を泳ぐイノシシ（唐津海上保安部提供）

があるという印象だった。これらのイノシシは、体長は１・３ｍほどであった」と説明してくれた。

九州の本島部と加唐島、馬渡島、的山大島の間は、最短でそれぞれ４㎞、７㎞、10㎞ほどになる。壱岐島と加唐島や馬渡島の間は最短で14〜16㎞ほど、的山大島だと25㎞ほどになる。また、壱岐島と九州の本島部の間は最短で20㎞ほどである。途中で力尽きてしまうイノシシもいるが、イノシシの泳力は相当なものだといわざるをえない。

③熊本県の天草諸島

八代海を泳ぐイノシシ

九州では、天草諸島（図10）の海でもイノシシが泳いでいる。天草諸島には、天草上《かみ》島、天草下《しも》島、大矢野島、御所浦《ごしょうら》島はじめ大小の島々がみられる。天草諸島と九州本土との間には八代《やつしろ》海があり、１９６０年にこの海を泳ぐイノシシが海上で仕留められたという記録がある。(18) 八代海では、この頃から海を泳いでいるイノ

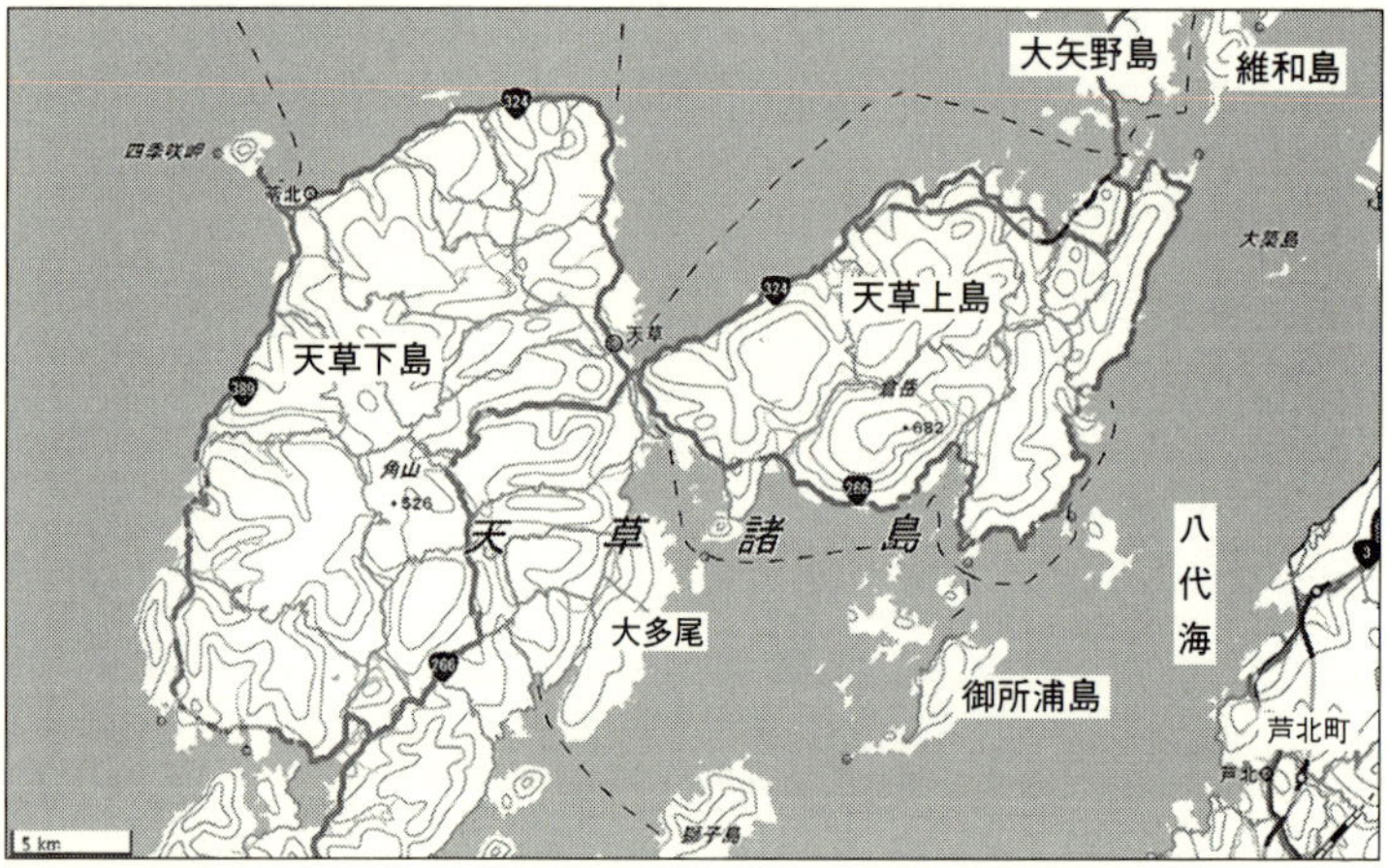

図10　天草諸島

シシが漁船や海上タクシーによってたびたび目撃されるようになった。

江戸時代末に絶滅したイノシシ

天草諸島の大きな島である天草下島（574・92㎢）には、イノシシの農作物被害に困った人々が江戸時代に作った「猪《シシ》わな」や「猪《シシ》よけ」といわれるものが残っている。いずれも、石を積んで作られたものである。このようなことから、当地には江戸時代にイノシシが生息していたことがわかるが、天草諸島のイノシシは江戸時代末に絶滅したといわれる(19)。

いち早くイノシシが棲み始めた御所浦島

天草諸島で再びイノシシが目撃されるようになるのは御所浦島（12・53㎢・写真25）で、1960年頃からである。当時、イノシシは島の山の上のほう（烏峠《からすとうげ》付近）にいたそうだが、このイノシシは九州の本島部から海を泳いでやってきた可能性が高い。この頃は、八代海を泳ぐイノシシがみられた頃と重なる。対岸の九州本土の芦北《あしきた》地方には、すでにイノシシが生息していたので、そこから御所浦島に泳いできたのであろう。九州の本島部と御所浦島の距離は、最短で約10㎞ほどである。

御所浦島ではその後、1980年代後半からイモ類やミカンなどへの被害が目立つようになる。初めは島の一部でみられた被害も、またたく間に島中にひろがった。

私は、このような御所浦島を2013年12月に訪れた。宇土半島の三角港から天草下島の本渡港を経由して御所浦島に行ったのだが、途中、船の乗務員に話を聞くと、さっそく「私は御所浦島の出身で、島はイノシシの被害に困っている。両親は漁師をしていて、海を泳ぐイノシシをみたことがある」といった話をしてくれた。

島に渡った私は、天草市役所の御所浦支所を訪ねた。この島は、かつては御所浦町に属していたが、合併により現在は天草市になっている。現地では、つぎのような話を聞くことができた。

「昭和20年代の後半から昭和40年代の初め頃にかけて、芦北地方と島の間の八代海を泳ぐイノシシを漁師が何回も目撃した。島では、50年ほど前からイノシシがいるようになった。その頃、島の山の上のほうにアケビなどを採りに行くとイノシシがいた。そこには、イノシシがマツの木に体をこすり付けた跡とそのときに付いた毛もあった。

当時は、イモやムギをひろく作っていたので、イノシシがいるのは山の上のほうだった。農作物への被害はあまりなかったが、当時、植えていたサツマイモを人が盗んだというウワサがあった。いまから思うとイノシシだったのかもしれない……」

写真25　御所浦島からみた天草諸島

その後、島で繁殖したイノシシはイモ類、ムギ、ミカンなどに多大の被害をもたらすようになり、島では猟犬と猟銃を使ったイノシシの駆除や狩猟が実施されるようになった。さらに、捕獲用の檻を導入したり、侵入防止柵で畑を囲ったりして被害対策を行っているが、追われたイノシシが再び海を泳いでもどってきたり、海から侵入防止柵のないところに侵入したりするという島特有の問題に頭を悩ませている。

拡大する農作物被害

天草諸島では現在、御所浦島をはじめ多くの島々でイノシシの生息が確認され、農作物被害も多大なものとなっている。御所浦島と天草上島や天草下島の多くが含まれる天草市における最近（2010〜2012年度）のイノシシによる農作物被害額は年間3000万円を超え、イノシシの駆除数も年間4000〜5000頭以上となっている。イノシシの捕獲には、1頭につき8000円の報償金も出ている。

天草上島や下島などに渡ったイノシシ

御所浦島の近くにある天草上島（225・90㎢）や天草下島のイノシシについてみてみよう。1979年3月に、天草下島の大多尾《おおたお》地区（図10）で90kgのオスのイノシシが捕獲された。「天草にはイノシシは生息していない」というのが定説になっていたので、この件は話題となった。このときは、タケノコやサツマイモが荒らされた上に、養豚場でイノブタが生まれるという事件も起きた。その元凶が、このイノシシだったわけである。このイノシシは、海に逃げたところを仕留められた[20]。写真26はそのときのオスイノシシの剥製であり、写真27は養豚場で生まれたイノブタの子の剥製である。イノブタの子には、イノシシ（茶色のウリ模様）と白色のブタの双方の特徴がみられる。

天草下島の大多尾地区は島の東海岸にあり、その西方に御所浦島がある。江戸時代末期以降イノシシが生息しないといわれてきた天草下島であるが、御所浦島方面からイノシシが海を泳いでやってきたのであろう。

天草上島の旧龍《りゅう》ヶ《が》岳《たけ》町（現上天草《かみあまくさ》市）では、対岸にある御所浦島の沖からイノシシが泳いでくるのを地元の漁師が目撃しており、2004年頃に同町の豚舎にイノシシが侵入することがあった。天草上島の北方にある大矢野島や維和《いわ》島にもイノシシが生息しており、市役所によれば、これらの島のイノシシは天草上島から渡ってきたという。

当地では、九州の本島部から海を泳いできたイノシシがまず御所浦島に上陸し、そこからさらに周辺の島々に渡っていったと考えられる。

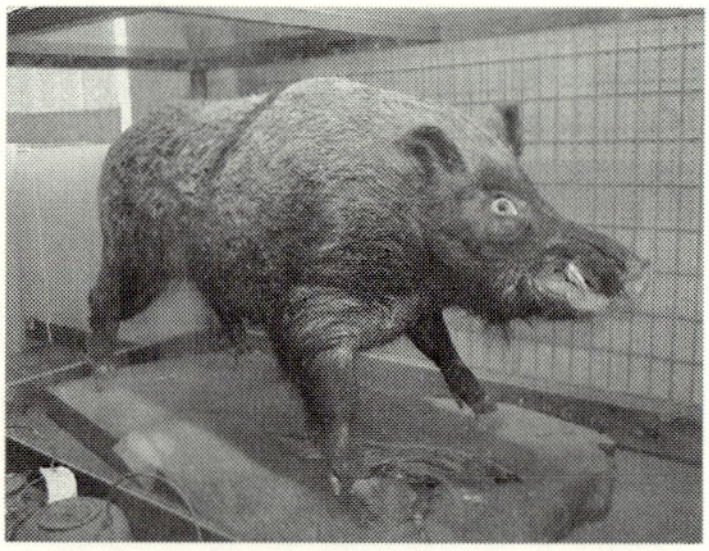
写真26　海で捕獲されたイノシシの剥製

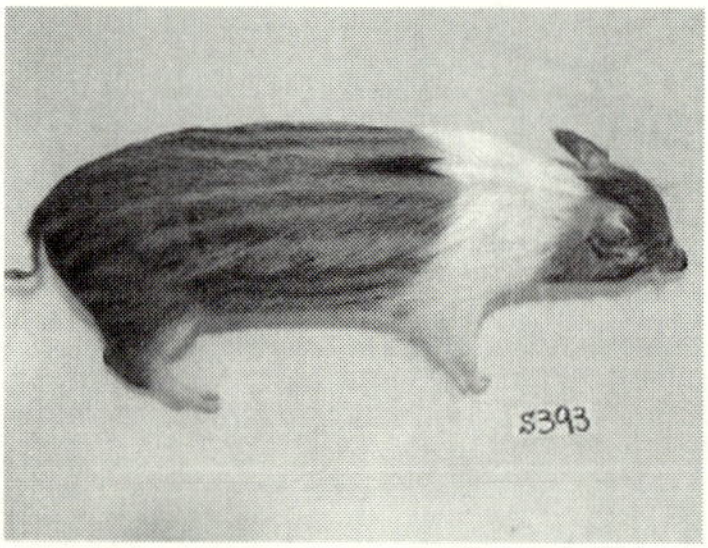

写真27　イノブタの子の剥製

4　南西諸島の海を泳ぐイノシシ

①鹿児島県の奄美群島

九州の南には、鹿児島県の離島である奄美群島の島々がある（図11）。ここでもまた、海を泳ぐイノシシが目撃される。奄美群島には奄美大島、加計呂麻《かけろま》島、与路《よろ》島、請《うけ》島、徳之島、沖永良部《おきのえらぶ》島、与論島といった島があり、奄美大島（712・52㎢）と徳之島（247・85㎢）には古くからイノシシが生息してきた。当地に生息するイノシシは、リュウキュウイノシシと呼ばれるイノシシの亜種である。

奄美大島から加計呂麻島に泳いでやってきたイノシシ

かつては加計呂麻島（77・25㎢）にもイ

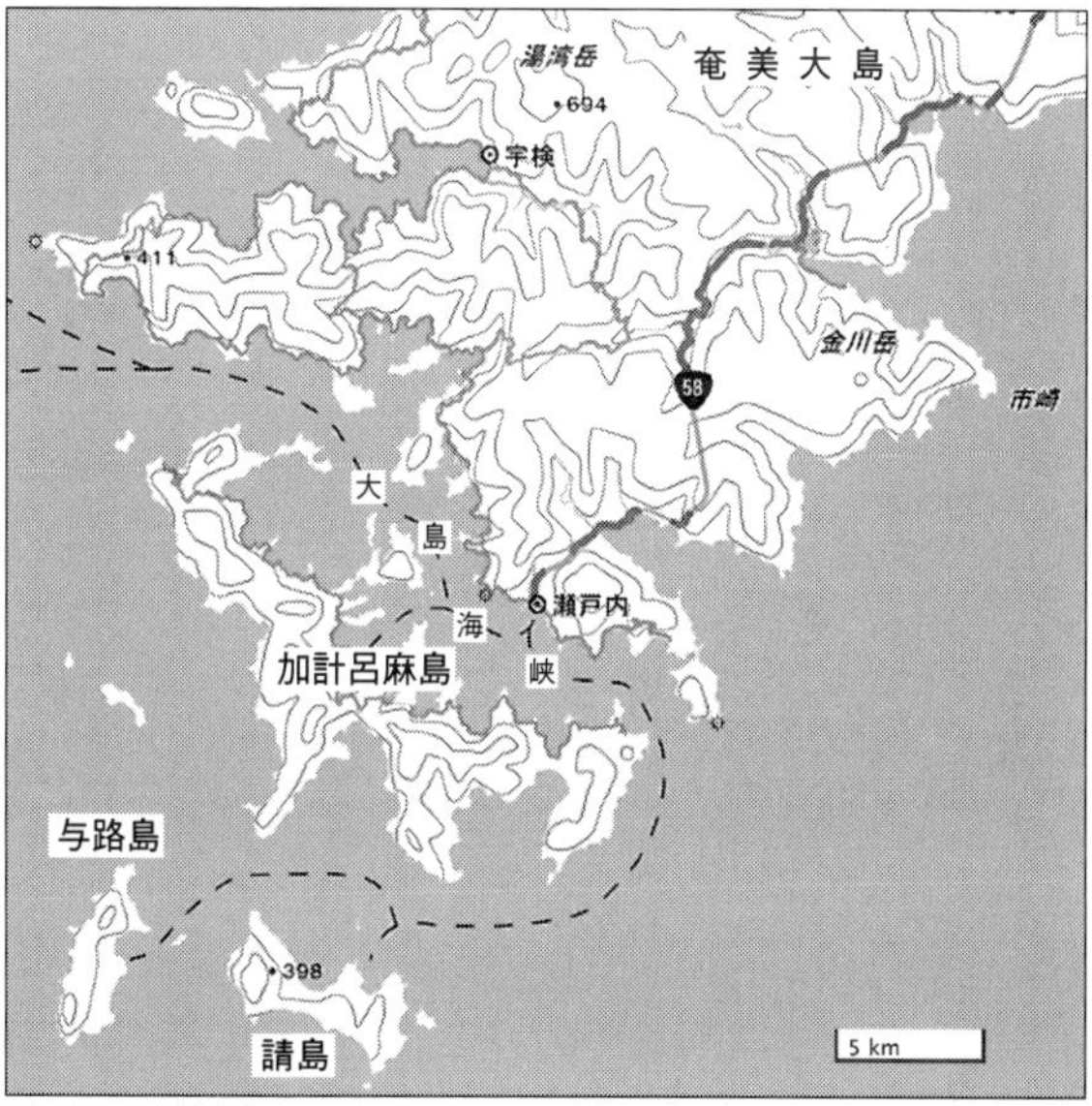

図11　奄美群島

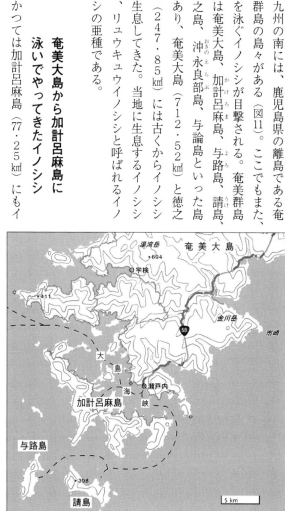

ノシシが生息していたが、この島のイノシシは1609年（慶長14）に薩摩藩が琉球に侵攻してきたときの戦いで島が焼き尽くされ、絶滅したといわれてきた。[21]ところが、第二次世界大戦後、再びイノシシが姿をみせるようになった。これらのイノシシは、奄美大島から泳いできたといわれる。なぜ奄美大島から泳いできたかについて詳細は不明だが、大島側から追われたイノシシが海を泳いで上陸したらしいとの指摘がある。[22]加計呂麻島では、島の東部（渡連《どれん》周辺）で1955年〜1960年頃からイノシシによるイモの被害がみられるようになり、その後島全体に被害が拡大していった。

奄美群島のイノシシ情報を集めるため、私は1999年〜2000年にかけて奄美群島を訪れた。そのとき、「ここでは戦後になって海を泳ぐイノシシが何度も目撃されるようになり、イカ釣りなどに行ってイノシシを海で捕まえた、カメが泳いでいるのかと思って近寄ったらイノシシだった、2〜3頭のイノシシが海を泳いでいるのを漁師がみた、カツオの餌となるキビナゴやイワシを捕りに行った漁船が泳いでいたイノシシを捕まえたといったような話はめずらしくない」と、島の人たちから海を泳ぐイノシシのいろいろな話を聞くことができた。[23]

1960年12月17日の南海日日新聞には、「14日午前9時ごろ、瀬戸内《せとうち》町古仁屋《こにや》のAさんが板付舟で砂利運搬中、加計呂麻島（渡連岬付近）からイノシシが泳ぎ渡って来るのを発見、スコップで頭をたたいてイノシシをしとめた。ところが打ち殺したと思っていたイノシシがあばれ出したので、おどろいたAさんはふたたびスコップでひとたたきして古仁屋に運び、肉屋さんに一斤85円でなげ売った」という記事も載っている。当時、奄美大島と加計呂麻島の間の大島海峡をイノシシが頻繁に泳いでいたようすがうかがえる。

加計呂麻島から周辺の島に渡るイノシシ

加計呂麻島の南方にある請島（13・３４㎢）でも戦前はイノシシ情報がなく、戦後になってからイノシシが生息するようになった。請島では１９８０年代後半よりイノシシの目撃情報が多くなり、島民は加計呂麻島からイノシシが海を泳いできたと話していた。加計呂麻島と請島の間にある請島水道の潮の流れはそれほど強くなく、ここを泳いできたというのである。

一方、請島の西方にある与路島（９・３５㎢）では、イノシシが生息している形跡はなく被害も発生していなかった。その理由をたずねると、島民は島のまわりの潮の流れが強いのでイノシシが泳ぎ切れないためだといっていた。

しかし、私が再び訪れた２０１４年3月と6月には、与路島でもイノシシが繁殖し被害が出ていることがわかった[24]。島には島で唯一の集落である与路集落があり、集落を歩くと、毒蛇であるハブが出たときにハブをたたくための長い棒がサンゴを積み上げた家のまわりの塀にたてかけてあった（写真28）。与路島で話を聞くと、５～6年前からイノシシが畑や牧草地周辺に出没し、牧草地や畑などに被害が出るようになったという。

かつては集落のまわりに田があったが、いまは基盤整備によ

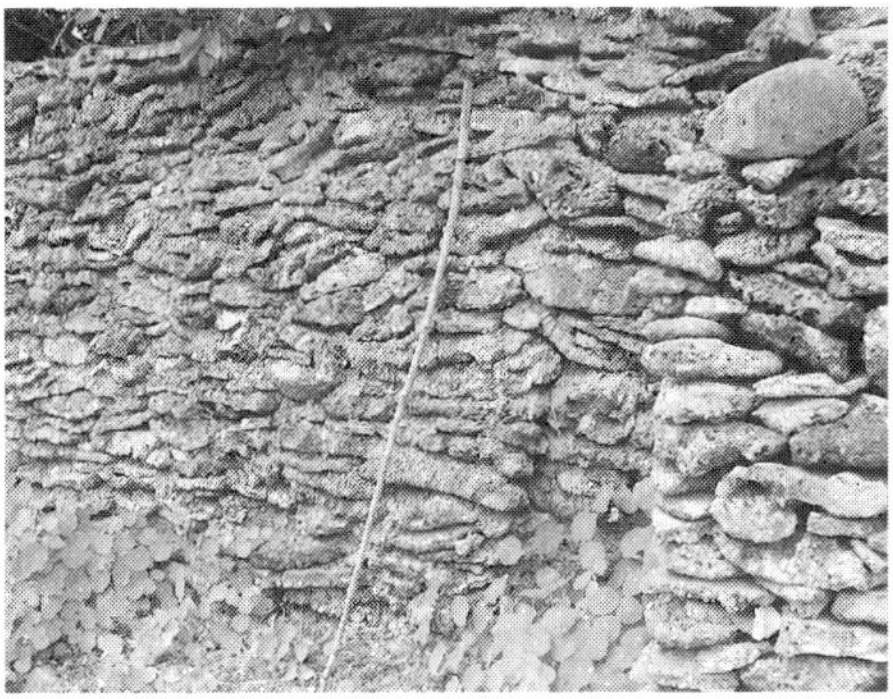

写真28　ハブをたたくための棒

り子牛生産用の牧草地に転換されている。この牧草地の被害を防ぐために、一昨年より助成金を得て大規模な侵入防止柵が設置されているが、畑ではサトウキビやイモ類などに被害が出ていた。

島にイノシシが持ち込まれたり、島でイノシシが飼育されたりしたことはないので、イノシシは海を泳いできたのであろう。請島との間の与路島水道の潮の流れは強いので、潮の流れがそれほど強くない加計呂麻島方面から泳いできたのだろうと島民はいう。瀬戸内町役場で話を聞くと、与路島では10年ほど前からイノシシの情報が聞かれるようになったとのことであった。

集落周辺の牧草地や畑地を調べてみると、各所でイノシシの足跡や掘り起こし跡などを確認することができた。イノシシの足跡には、子イノシシとみられる小さな足跡もあり、与路島でイノシシが繁殖しているようすがうかがえた（写真29）。また、イノシシの足跡に沿って猟犬のものと思われる足跡もあり、島で行われているイノシシ猟や駆除のようすもうかがえた。与路島では、農業被害に加え、イノシシが海岸の砂浜に産卵するウミガメの卵を食べるといったことも問題になっていた。

写真29　イノシシの足跡

島や岬の間を泳いで往来するイノシシ(1)

写真30は、1994年2月14日に大島海峡を巡視していた古仁屋海上保安署の巡視艇「ほしかぜ」が加計呂麻島から奄美大島に向かって泳ぐ3頭のイノシシを発見し、保安部職員がカメラで撮ったものである。また、2009年6月15日午後2時50分頃、加計呂麻島の伊子茂湾を泳いで横断する2頭のイノシシを島民が発見し写真に収めたこともある。当時のようすを、南海日日新聞は「2頭は、縦に列を作り、鼻先と尾を海上に出して泳いでいた」と伝えている。

写真30　大島海峡を泳ぐイノシシ
（古仁屋海上保安署提供）

奄美大島と加計呂麻島の間にある大島海峡は、両島の岬間の距離は1～3kmほどであり、加計呂麻島の岬と岬の間の距離は0・3～1kmほどである。これらの場所は波も穏やかであり、島や岬の間を往来するようにイノシシが泳いでいる。

当地の海を泳ぐイノシシについて、2014年6月に海上タクシーからも話を聞いてみた。海上タクシー歴30年の久保勝久さんは、海上タクシーの仕事を始めた頃から海を泳ぐイノシシがみられたという。海上タクシー（写真31）は、島民、釣人、観光客、工事関係者などを島々に運ぶ小型の船である。頻繁に当地の海を往来し、船体も低いため海を泳ぐイノシシを発見しやすい。実際に、多くの海上タクシーが海を泳ぐイノシシを目撃している。

久保さん自身が目撃した情報は少ないが、20人ほどいる海上タクシーの仲間の話を合わせた久保さんの話から、奄美大島から加計呂麻島に向けて泳ぐイノシシ、加計呂麻島から奄美大島に向けて泳ぐイノシシ、加計呂麻島から請島や与路島に向けて泳ぐイノシシ、与路島から加計呂麻島に向けて泳ぐイノシシ、加計呂麻島の岬と岬の間を行ったりきたりして泳ぐイノシシ、加計呂麻島の周辺の小島に泳ぐイノシシが目撃されていることがわかった。

海を泳ぐイノシシの情報がある海域の島と島や岬と岬の間の距離をみると、前述のように大島海峡の幅は1〜3kmほど、加計呂麻島と請島の間の請島水道の幅は2〜4kmほど、加計呂麻島と与路島の間は4〜5kmほどである。潮の流れが強いといわれる請島と与路島の間の与路水道の幅は3〜4kmほどである。加計呂麻島では、岬と岬の間の湾を泳いでいるイノシシも目撃され、それらの岬間の距離は0・3〜1kmほどである。

写真31　海上タクシー

海上タクシーの主な運航時間帯は、午前7時〜8時頃と午後4時〜6時頃であり、海を泳ぐイノシシも主にこの時間帯に目撃されることになる。目撃されることが多い時期は、イノシシ猟の期間

（11月15日～翌年3月15日）と山にイノシシの食料となるシイの実などが少ない時期だという。

目撃されるイノシシは、２頭前後で泳いでいることが多いという。海を泳ぐイノシシだけでなく、海岸にいたイノシシの目撃情報もある。久保さんは、５年ほど前に加計呂麻島の岬の先（乙崎）の海岸にいる親子２頭のイノシシを午前８時30分頃に目撃している。このときは、潮が引いていたという。イノシシが海岸にいた理由は明らかでないが、イノシシはカニなどを食べるので食料を探していたのかもしれない。

海上タクシーは、イノシシ猟をする狩猟者や猟犬を運ぶこともある。当地では、岬部を利用したイノシシ猟が盛んである。猟犬を使ったイノシシ猟では、猟犬にイノシシを追わせ、獣道などで待つ狩猟者がイノシシを仕とめる。海上タクシーは、猟犬を放つ海岸に犬を運び、さらに獣道などがある海岸にハンターを運ぶのである。

島や岬の間を泳いで往来するイノシシ(2)

当地の海を泳ぐイノシシは、真珠養殖をする人たちによってもたびたび目撃されている。私は２０１５年7月にも奄美大島を訪れ、古仁屋にある真珠養殖会社の㈱奄美サウスシー＆マベパールを訪ね、そのようなイノシシの情報を尋ねてみた。写真32は、このときに杉野秀樹さんから提供してもらった。２０１１年8月22日の午後5時40分頃に、真珠養殖の現場から帰る船から撮影されたものである。このときは3頭のイノシシが泳いでおり、３頭は親子（母親1頭、子２頭）だったという。

この真珠会社は、当地で40年以上にわたって真珠養殖をしているが、当初から海を泳ぐイノシシを目撃することはめずらしいことではなかったという。目撃しない年もあるが、年に1~2回ほど、多い年だと3~4回ほど目撃してきたという。泳いでいる頭数は、3~4頭が多いということであった。また、親子である場合が多いとのことであった。

真珠養殖の仕事をする者を、毎日、2~4隻の船で奄美の古仁屋の港から加計呂麻島周辺の作業場に朝の8時頃と夕方の5時頃に送り迎えする。そのときに泳ぐイノシシが目撃されることが多いのであるが、車や人がいないようなところでは、昼間でも泳ぐイノシシが目撃されるという。

目撃される時期は、猟期（11月15日~翌年の3月15日）と夏場が多いとのことであった。また地元では、イノシシの食料となるシイの実が少ない年は海を泳ぐイノシシをよくみかけるといわれると話してくれた。

写真32　真珠養殖の作業船から撮られた泳ぐイノシシ（奄美サウスシー&マベパール提供）

②沖縄県の慶良間列島

沖縄県の慶良間《けらま》列島（図12）でも、海を泳ぐイノシシが目撃される。[25] 慶良間列島は、渡嘉敷《とかしき》島、座間味《ざまみ》島、阿嘉《あか》島、慶留間《げるま》島の有人島を含む大小30余りの島からなり、亜熱帯性の気候下にある島とサンゴ礁がひろがる海域は、２００５年11月にラムサール条約湿地として登録され、２０１４年３月には我が国の31番目の国立公園に指定された。

南西諸島のいくつかの島にはリュウキュウイノシシが生息するが、慶良間列島には生息しない。慶良間列島では、貝塚からイノシシの骨が出土しているが、生息していたのか持ち込まれたものなのかは不明とされる。[26] このような古い時代のイノシシ情報はあっても、長い間、慶良間列島ではイノシシの生息をみなかった。

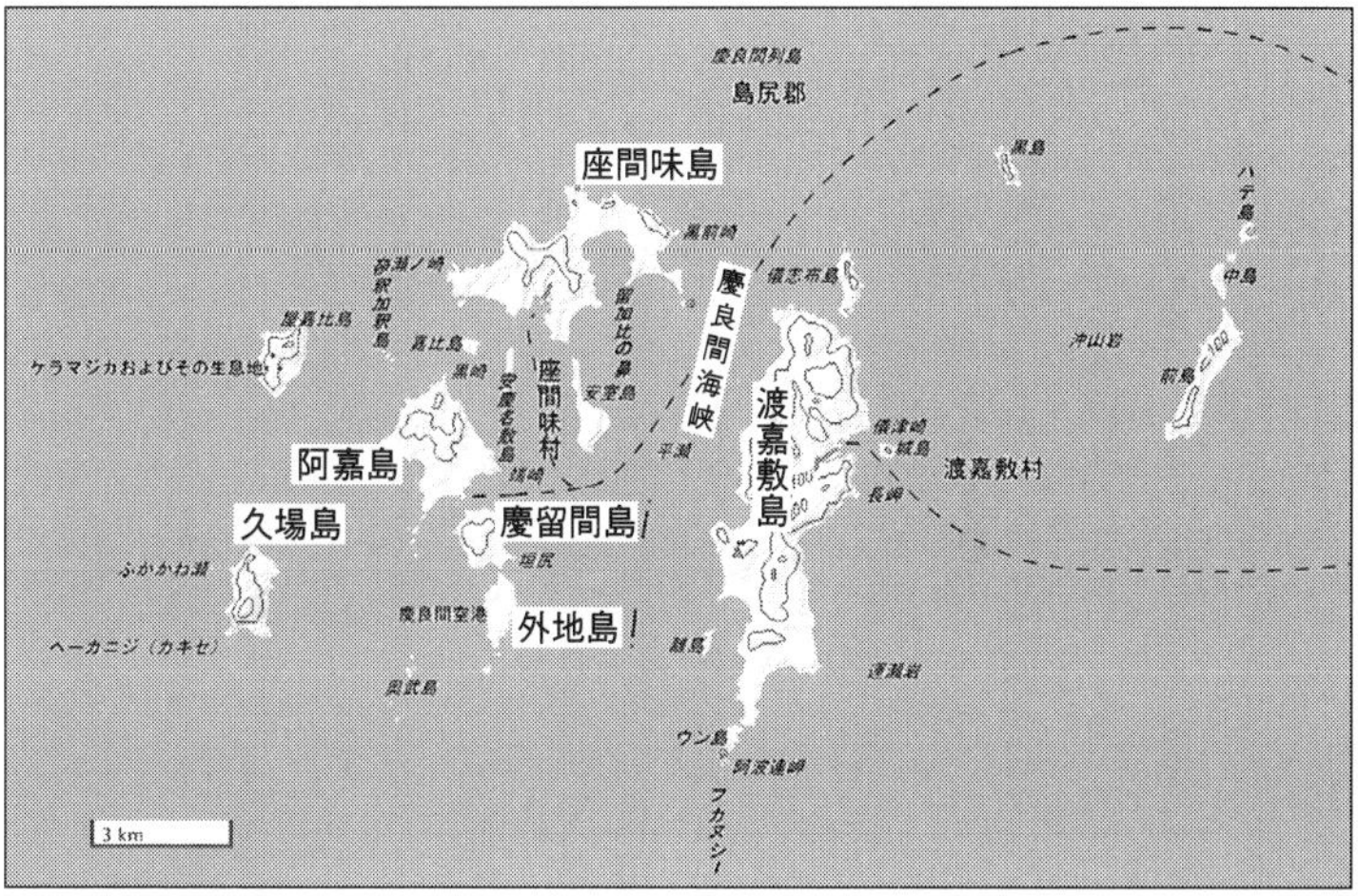

図12　慶良間列島

持ち込まれたニホンイノシシの野生化

そのような慶良間列島で、持ち込まれたニホンイノシシが野生化し、海を泳いでいるのだ。持ち込まれたニホンイノシシが野生化したのは、渡嘉敷島（15・31㎢）である。渡嘉敷島では、2006年頃にイノブタ生産目的のために宮崎県からイノシシを数頭持ち込んだのが逃げたといわれる。そのほかにも逃げたのがいるというような話もあるようだが、いまでは繁殖し、島全域にイノシシが生息するようになった。

我が国では、イノシシやイノブタが肉生産用などとして各地で飼育されてきた。しかし、飼育小屋や放牧地から逃げることがよくある。周囲に野生のイノシシが生息していれば、それらの集団に吸収されていくので問題が表面化しないことも多いが、渡嘉敷島のように島にイノシシがいなかったところでは逃げたイノシシの存在が明らかになる。

野生化したニホンイノシシによる農作物などへの被害

島では、サツマイモ、田イモ、ダイコンなどの食害、パパイヤやバナナの根元の掘り起こしによるそれらの倒木の被害が出るようになった。そのため、イノシシの駆除が行われるようになった。役場の資料によれば、2011年度43頭、2012年度101頭、2013年度99頭が捕獲された。捕獲されたイノシシは、オスが117頭、メスが123頭である。体重10kg以下の子イノシシから100kg以上の成獣が捕獲されており、島内でイノシシが繁殖しているようすがわかる。現在は捕獲檻を利用した駆除が実施されているが、村の要請を受けて沖縄県の猟友会が猟犬を使った駆除を行ったこともある。

私は、2015年7月に、野生化したニホンイノシシの情報を集めるため渡嘉敷島に渡った。さっそく、役場を訪ねて話を聞いてみた。イノシシの捕獲数は、2014年度には122頭と過去最高になり、現在捕獲用に設置している17個の檻に今年はさらに4個を追加するとのことであった。役場での話では、イノシシは農作物被害のほかに、海岸公園やオートキャンプ地の芝生などを掘り起こす被害も出していた。

写真33　イノシシの被害を受けた水田
（イノシシの足跡が残っている）

役場を訪ねた後、現地を歩いてみると、イノシシがイネを植えた田を踏み荒らした現場があった（写真33）。田には、くっきりとイノシシの足跡がいくつも残っていた。イノシシは、農作物の味を覚えると繰り返して食べにやってくるので、島ではイノシシの捕獲作業を進めると同時に早急に侵入防止柵などの被害対策をする必要がある。

さらに、現地をまわっていて、道路脇の山地の斜面を囲って黒色のブタが飼育されていることが気になった。このようなブタの飼育場には、メスブタに引き寄せられてオスのイノシシが侵入する恐れがある上、柵から逃げ出すようなブタが生じないとも限らない。そうすれば、さらに山野のイノブタが増えることになる。

私は、現地を歩いて気になったことをメモして、渡嘉敷島の役場の担当者に渡した。内容は、イノシシやイノブタは飼育時や輸送時などによく逃亡することがあるため飼育や輸送においては厳重な注意が必要であること、耕作地を侵入防止柵で囲うといった対策や檻などの罠による駆除の継続的な取り組みを強力に進める必要があること、罠による駆除では特にメスの捕獲や子連れのメスと子を一網打尽に捕獲すること、むやみに猟犬を使った駆除をするとイノシシを泳がせてほかの島に拡散させてしまう危険があるといったようなことである。

野生化したニホンイノシシによる在来の生態系への被害

このような農作物などへの被害とともに、渡嘉敷島では在来の生物への影響も懸念される。島には、国指定天然記念物のリュウキュウヤマガメ、県指定天然記念物のイボイモリやホルストガエルなどの爬虫類や両生類が生息している（写真34）。イノシシは雑食性の動物であり、爬虫類や両生類も食べるため、野生化したニホンイノシシがこれらの貴重な生き物を捕食する問題が発生していると推察される。このような点にも早急に対策を進める必要があることも役場に伝えた。

写真34　島の貴重な生き物

海を泳いで周辺の島に侵入するニホンイノシシ

渡嘉敷島で野生化したイノシシは、慶良間海峡を泳いで隣の座間味村側の座間味島（６・７０㎢）、阿嘉島（３・８０㎢）、慶留間島（１・１５㎢）、外地島《ふかじ》（０・８３㎢）、久場島《くば》（１・５４㎢）などに渡っている（写真35・図12）。渡嘉敷島から座間味島、阿嘉島、慶留間島、外地島までの最短距離は、およそ２㎞、５㎞、４㎞、４㎞である。座間味島近くの海を泳ぐイノシシが、ダイビング船に目撃されたこともある。阿嘉島などには、天然記念物のケラマジカ（写真36）が生息しており、時折、このシカが海を泳ぐところは目撃されてきたが、イノシシは生息していないところである。

写真35　座間味島周辺の島々

写真36　海を泳ぐことがあるケラマジカ
（2014年３月撮影）

当地のイノシシ情報を集めるために、私は２０１４年3月と6月に座間味島の島々を訪れた。座間味村からは、すでに前述したアンケート調査において座間味村の島々にイノシシが渡ってきているとの回答を得ていたので、私は島に渡る前に座間味村に連絡をしておいた。

沖縄の那覇の港からフェリーに乗って座間味島の港に到着すると、村役場の産業振興課の中村勝宏さんが待っていてくれた。さっそく、中村さんから座間味村のイノシシの情報を聞き、現地を案内してもらった。

座間味村では、２０１３年４月に外地島で海を泳いできたイノシシが捕獲された。このイノシシはメスで、体重は１００kgほどあったという。この大きさから、成長したニホンイノシシであることがわかる。この島では、以前にも潮干狩りに行った座間味村の島民が海岸でイノシシを目撃していた。その島民に当時のようすを聞くと、つぎのような話をしてくれた。

「海岸にイノシシがいるのをみてびっくりしたが、近寄っていくとイノシシは海に入っていった。その後、船で帰るときにモカラク島のほうにイノシシが泳いでくるのでロープで捕まえようとしたがうまくいかず、イノシシはモカラク島に上陸していった」。モカラク島は、外地島の南にある小さな島である。

外地島には飛行場があるが、民家や畑などはなく、イノシシによる被害はないようである。中村さんによれば、無人島である久場島でもイノシシの掘り起こし跡が発見されているという。久場島は、外地島からさらに西方に４～５㎞離れた島で、渡嘉敷島から直接に泳いできたのか、外地島などを経由していったのかは不明である。

写真37　ウシの放牧地（2014年３月撮影）

有人島である座間味島や阿嘉島でも、イノシシが目撃されたり、掘り起こし跡などが発見されているという。座間味島ではイモ、ニンジン、野菜、バナナなどが栽培されているが、いまのところそれらへの被害は報告されていない。

この島ではウシの放牧が行われており、牧草地の周辺にはススキやリュウキュウチクなどがひろがっている（写真37）。田が耕作放棄されたところには水も流れている。このようなところはイノシシが食料や水を得ることができ、潜伏地となる恐れがある。座間味島の山は深くはないが、イノシシの食料となるシイなどの実もある。したがって、島に入ってきたイノシシを放置しておくとイノシシが繁殖する恐れがある。

写真38　２頭のイノシシの子
（2014年７月１日14時12分撮影）

自動撮影カメラに写った親子のニホンイノシシ

私は中村さんとも相談し、イノシシの生息状況を確認するため、島の２ヵ所に自動撮影カメラを設置してみることにした。すると、２０１４年6月に設置し8月に回収したカメラにイノシシの親子（母親と2頭の子イノシシ）が写っていた。

写真38はこのときのもので、ここには2頭の子イノシシが写っている。子イノシシにはウリ模様がある。イノシシの子のウリ模様は、生後４ヵ月ほどまでみられる。親子で渡嘉敷

島から泳いできたのか、妊娠したメスが渡嘉敷島から泳いできたのか、泳いできたメスが座間味島でオスと交尾して産んだのか定かでないが、座間味で産まれたのなら島でオスとメスが交尾している可能性がある。私は、これらの写真とコメントをすぐに役場の中村さんに送った。早く捕獲作業を進める必要がある。

私は、2015年7月にも座間味島に渡ってイノシシ情報を集めた。このときは、ウシの放牧が行われている草地のあたりで黒っぽい大きなイノシシが1頭いたとか、4頭ほどのイノシシの群れをみたといった話が聞かれた。

このときもまた、自動撮影カメラを設置してみた。すると、ウシの放牧地の縁辺部のアダンの木に囲まれた水溜りに置いたカメラに、母親と思われるイノシシとウリ模様がある子イノシシが写っていた(写真39)。

写真39−① イノシシの母親

写真39−② イノシシの子

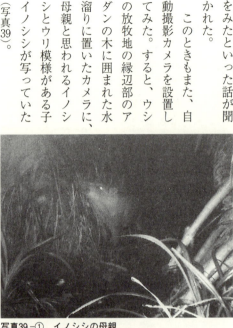

昨年に続き、今年もまたイノシシが子を産んでいることがわかった。この結果もまた、役場のほうに連絡した。座間味島でもニホンイノシシが繁殖していくのだろうか……。とても気になるところである。

このような外から入ってきた野生動物（外来種）の対策では、初期の段階での集中的な駆除がたいへん重要となる。役場でも、村役場の職員などが狩猟免許を取得したり、捕獲檻を設置したりの対策を始めている。

慶良間列島で野生化したり海を泳いで周辺の島々に侵入しているイノシシは、持ち込まれたニホンイノシシ（外来種）であることから、農作物や牧草地などへの農業被害に加え在来の生態系への被害にも注意をはらう必要がある。当地の島々は、アオウミガメの産卵地、ベニアジサシやコアジサシなどの海鳥の繁殖地となっているので、島に侵入してきたイノシシがそれらの卵や孵化した子などを食べたり営巣を妨害する懸念がある。

当地は大小30余りの島からなり、亜熱帯性の気候下にある島とサンゴ礁がひろがる海域はラムサール条約湿地として登録され、国立公園にも指定されていることから、なおさら在来の生態系への影響が危惧される。

第3章　世界の湖や海などを泳ぐイノシシ

ここまでくると、「イノシシは泳ぐ、泳げるんだ」ということに納得するしかないのであるが、世界に目を向けてみると、イノシシ（*Sus scrofa*）を含むイノシシ科の動物が湖や海などを泳ぐことはよく知られてきた[27]。

しかし、世界的にみても、これまで泳ぐイノシシの情報、泳ぐ要因や泳力と生息地拡大の関係、生態系や人間の経済活動への影響などに関して、部分的な調査はあっても具体的な事例研究や総合的な調査はほぼみられない。それは、このような現象が我々の目の前で大規模に生じる機会が限定されているのと、それらの調査が容易でないためと思われる。

そのような状況の中で、世界各地の湖や海などを泳ぐイノシシについて述べられている事例をみてみよう。

1　博物学者ワラスと泳ぐイノシシ

イノシシの泳力に注目したワラス

オーストラリア区と東洋区という二つの生物地理区の境界線をワラス線（ウォレス線）という。これは有名なイギリスの博物学者アルフレッド・R・ワラス（Alfred Russel Wallace）の名前にちなんでいるのだが、そのことを知っている人はいても、ワラスがイノシシの泳力に注目していたことを知っている人は少ないのではないだろうか。

動植物の分散と島嶼部の動植物の構成を世界的な視点から検討したワラスは、分散力としてのイノシシ類の泳力に注目していた。ワラスは、イノシシ類は５～６マイル以上（約８～10㎞以上）の海を泳ぐことができるとし、東半球の島々のイノシシ類の分布にはこのようなイノシシの泳力が関与していると述べている。[28]

イノシシが泳ぐ要因に関するワラスの見解

しかしワラスは、イノシシ類は自発的に泳ぐのではなく、仮に洪水などで海に流されても元の岸に戻ろうとするため、50マイル（約80㎞）や１００マイル（約１６０㎞）といった距離を泳ぐことはないだろうと述べている。

ワラスは、pigsという用語を使ってイノシシ類を総称しているが、東半球の島嶼部に生息する主なイノシシとその仲間は、イノシシ、野生化したブタ（イノシシを家畜化して作ったブタが野生化したもの）、ヒゲイノシシ（*Sus barbatus*）、スンダイボイノシシ（*Sus verrucosus*）、セレベスイボイノシシ（*Sus celebensis*）、バビルサ（*Babyrousa babyrussa*）である。[29]

2　アジアやヨーロッパの湖や海などを泳ぐイノシシ

イノシシはユーラシア大陸と周辺の島嶼部などにひろく生息しており、泳ぐイノシシについては、つぎのような中でも取り上げられている。

①インドネシアのスンダ海峡

島つたいに泳ぐイノシシ

１８８３年に火山が大噴火したインドネシアのスンダ海峡（図13－①）のクラカタウ島周辺の島々への脊椎動物の定着（colonization）の調査で、１９８２年にパンジャン（Panjang）島でイノシシらしい動物の痕跡が確認された。そして、このイノシシらしい動物は13km離れたセベシ島から泳いできた可能性があるとされた[30]。この点については、イノシシ類の泳力に注目したワラスの見解にもとづき、スマトラ島からセベシ島を経由してクラカタウ島周辺の島々にイノシシが到来するであろう可能性が当時すでに指摘されており[31]、そのような見解が証明されたのである。

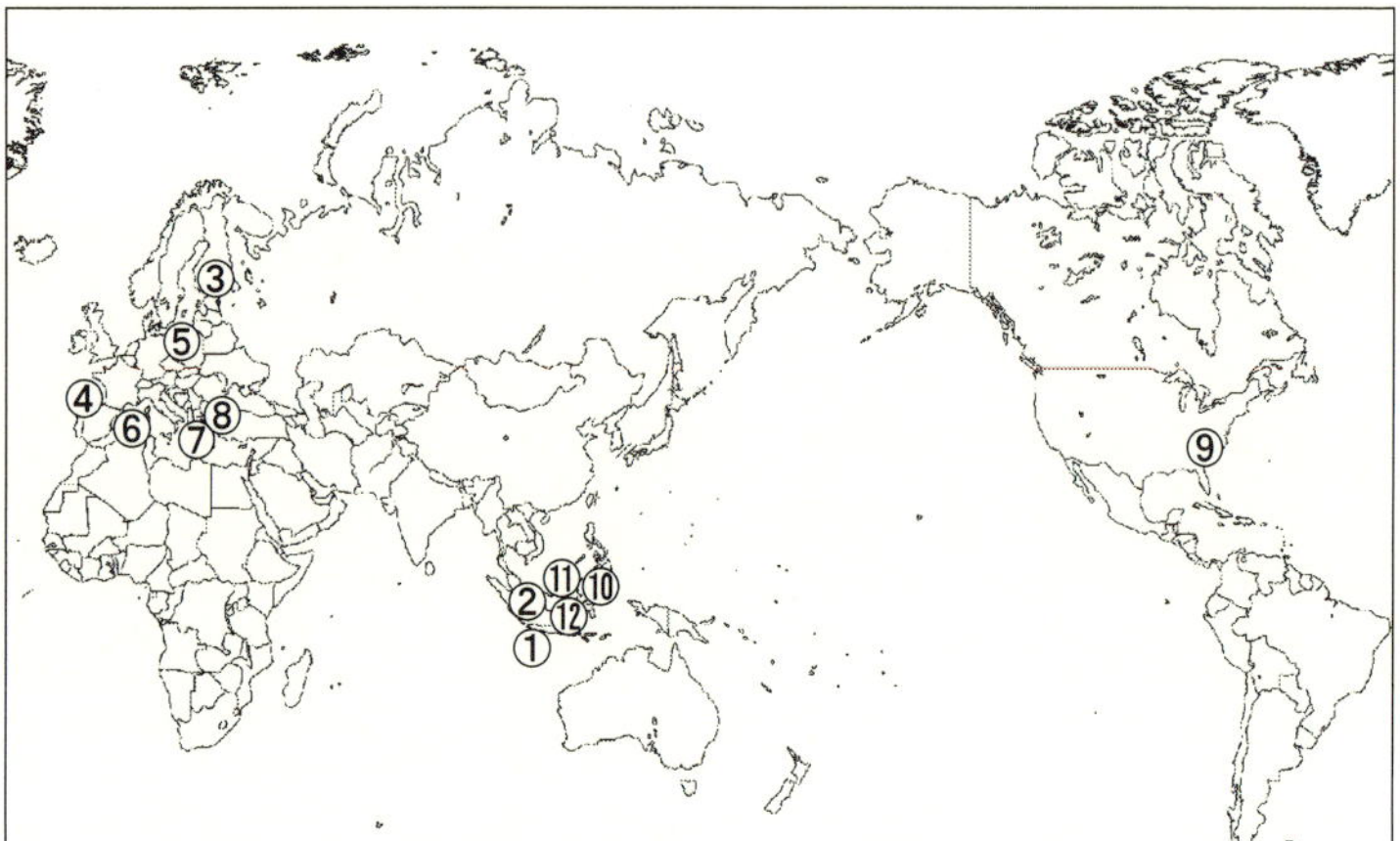

図13　イノシシとその仲間が泳ぐ世界の海、湖、川の事例
（①インドネシアのスンダ海峡　②シンガポールのシンガポール島周辺　③フィンランドの海、湖、川　④フランスのビスケー湾　⑤ポーランドの川　⑥スペインのカタロニア地方の沖合　⑦イタリアのタラント湾　⑧トルコのボスポラス海峡　⑨アメリカのサヴァナ川　⑩フィリピンのシブトゥ島周辺　⑪マレーシアのガヤ島とサピ島周辺　⑫インドネシアのスラウェシ島のポソ湖）

なおイノシシが生息するセベシ島周辺では、海を泳ぐイノシシが漁民の漁網を破る被害が出ているという。

②シンガポールの海

半島や島から泳いでやってきたイノシシ

イノシシが絶滅したとされていたシンガポールのシンガポール島では、２０００年頃から再びイノシシの生息をみるようになるが、これらのイノシシはマレー半島部や周辺のウビン（Ubin）島やテコン（Tekong）島から狭い海峡や海を泳いできたとされる（図13－②）[32]。シンガポール島やウビン島では、二次林、放棄された果樹園やゴムのプランテーションなどがイノシシの生息地になっていることが指摘されており、このようなイノシシの生息地の拡大の中でイノシシが海を泳いでいるものと推察される。

シンガポール島でイノシシが絶滅した確たる理由は不明とされるが、野生動物の肉の需要が高くなり、狩猟圧がイノシシの減少をまねいたのだろうといわれている。

③フィンランドの湖や海など

イノシシの分散と泳力

フィンランドでは、１９７０年代のイノシシの生息地の拡大の中で、湖、海、川を泳ぐイノシシが目撃されたり、湖岸や海岸などでイノシシの溺死体が発見された（図13－③）。当地は雪が多く、凍結も起こる。イノシシは40㎝ほどの積雪をみると行動にマイナスの影響が出るとされ、凍結も掘り起こして食料を得ることを困難にする。しかし当地では、1970年代前半に雪が少なかったことや周辺の農耕地や植林地などからイノシシが食料を得ることができたことから生息地が拡大したとされる。

フィンランドでは、このようなイノシシの生息地の拡大において、イノシシの分散力のひとつとして泳力が注目された[33]。フィンランドには多くの湖があり、イノシシはこれらの湖を泳いで生息地を拡大させていった。湖が多い地方は比較的雪も多いのであるが、農耕地から食料を得ることができたのと給餌などもイノシシの越冬を可能にしたといわれる。

④そのほかの海や川

各地の海や川を泳ぐイノシシ

そのほかにも、フランスのビスケー湾（図13－④）のオレロン（Oléron）島に少なくとも1マイル（約1・6㎞）の海を泳いで渡ったイノシシ[34]、ポーランド（図13－⑤）で700mほどの川を泳いで渡ったイノシシ[35]、スペインのカタロニア地方の沖合3㎞の地点（図13－⑥）で水中から引き揚げられたイノシシ[36]などの報告がみられる。

泳ぐイノシシはインターネットでも取り上げられ、たとえば、イタリア南部のタラント湾（図13－⑦）の沖合6㎞ほどの海を泳ぐイノシシ[37]、トルコのボスポラス海峡（図13－⑧）を泳ぐイノシシ[38]や海で漁師に捕獲されたイノシシ[39]などが紹介されている。

3　アメリカなどに移入されたイノシシも野生化したブタも泳ぐ

移入イノシシと野生化ブタ

特にヨーロッパ人による入植が進む中で、アメリカや南アフリカなどには狩猟目的のためにイノシシが移入されてきた。たとえば、1912年に狩猟用としてヨーロッパからノースカロライナへ持ち込まれたイノシシが、1920年代に柵外に逃亡した。逃亡したイノシシは、1930年代にはノースカロライナやテネシーのアパラチア山系にひろがり、すでに野生化していたブタと交雑するようになった[40]。

ブタの野生化とは、文字どおりブタが野生化することである。詳しくは後述するが、ブタはイノシシを家畜化したものである。特に食用として有用であったことから、古くから人の移動などに伴いイノシシの生息地をはるかに越えて大洋上の島嶼部や新大陸などに持ち込まれてきた。そのような中で、飼育の粗放性、意図的な解き放ち、小屋や柵の破損などにより各地で野生化するブタが発生してきた[41]。

写真40　水辺にやってきた野生化したブタ（1993年．オーストラリアのクインズランド州で撮影）

写真40は、オーストラリアで野生化したブタである。野生化

の期間が長いとイノシシのような形態となり、アメリカのように移入イノシシと交雑した場合はいっそう見分けがつきにくくなる。食性も雑食性となり、イノシシと同じ行動様式をとるようになる。

猟犬から逃れるために川を横断した移入イノシシ

このような狩猟資源として新大陸などに移入されたイノシシや食用として新大陸や島嶼部などに持ち込まれ野生化したブタに関しても、それらが泳ぐことが指摘されている。アメリカでは、ジョージア州とサウスカロライナ州の州境を流れるサヴァナ川（図13－⑨）を泳ぐ移入イノシシが目撃され、これらのイノシシは猟犬から逃れるために川を横断したといわれる。[42]

水域を迂回する行動もとる

移入されたイノシシや野生化したブタを含めイノシシは強力な泳者であり、彼らにとって川、水路、海峡などは行動を阻害する障害ではないとされる一方で、そのような能力をもっているにもかかわらず、イノシシはこのような水域を迂回《うかい》する行動をしばしばとるとも指摘される。[43]

そのほか、北アメリカの狩猟動物のガイドブックの中でも、移入されたイノシシが1マイル（約1・6㎞）以上を泳ぐ強力な泳者であることが紹介されている。[44]

4　泳ぐイノシシの仲間

イノシシ科には5属9種のイノシシの仲間がいて、これらのイノシシの仲間たちも泳ぐことができる。ここでは、ヒゲイノシシとバビルサを紹介する。

①ヒゲイノシシ

ヒゲイノシシ

ヒゲイノシシは、マレー半島、スマトラ島、ボルネオ島とその周辺の島に生息している。大きさはニホンイノシシと同じくらいであるが、食料が豊富なところでは２００kgくらいになることもあるといわれる。後で紹介する写真のように、長い肢と頬《ほお》にふさふさとした長い毛が生えているのが特徴で、この頬の毛はイノシシの名前の由来となっている。

食性は雑食性で、木の実、果実、草木の葉や根、小動物、地虫類、カメの卵、死肉などいろいろなものを食べる。森、海岸付近、川沿い、村や町の周辺などに生息し、森の木の実や果実を求めて大移動することでも知られている。

強力な泳ぎ手

ヒゲイノシシは、強力な泳ぎ手である。たとえば、ボルネオ島やスマトラ島の大河川を泳いで横断したり、湾を泳いだり海を泳いで島に渡っている。湾や海を泳ぐ距離については、5～10㎞ほどの事例があげられるほかに、45㎞も離れたマレーシアのサバ州の沖合にあるフィリピン領のシブトゥ（Sibutu）島周辺（図13－⑩）にも泳いで渡っているとされる。この海域を泳ぐヒゲイノシシは、時折漁民に捕獲されたりすることがあり、パトロール中のアメリカ海軍の訓練のターゲットにもされてきたという。[45] ヒゲイノシシはかなりの距離を泳ぐことができ、遠くて目にみえないところへも泳いでいくのではないかといわれている。[46]

またヒゲイノシシは、食料を求めて集団で長距離移動をする中で川を渡ったりする。このような行動をとるヒゲイノシシが川を渡る時期には、そのような場所でカヌーとヤリを使ったヒゲイノシシの狩猟が行われるという。[47]

マレーシアのガヤ島とサピ島の間を泳いで往来するヒゲイノシシ

泳ぐヒゲイノシシについては、私も2015年3月にマレーシアのサバ州の沖合にあるトゥンク・アブドゥル・ラーマン国立公園の5つの島で、パークレンジャーやライフガードへの聞き取り調査、フィールドサイン調査、自動撮影カメラによる生態調査を行った。

当地では、ガヤ島とサピ島の二つの島にヒゲイノシシが生息しており、両島間を泳ぐヒゲイノシシの目撃情報がいくつも得られた（図13－⑪）。ガヤ島は、この周辺では一番大きな島で面積は15㎢ある。一方サピ島は、面積が0・1㎢の小さな島である。両島の間は300mたらずの浅瀬になっており（写真41）、ここをヒゲイノシシが早朝や夕方などに、1頭で泳いだり親子で泳いだりするという。

特にサピ島は、水泳、シュノーケル、ダイビングを目的に多数の観光客が訪れ（写真42）、海辺で行われるバーベキューやレストランから残飯や食材のクズなどが出る。そのため、ヒゲイノシシやカニクイザルなどがそれらを目当てに観光客の近くにくるので、それを防ぐために山側にゴミ箱を作り、その周辺に野菜や果物の皮やクズなどを置いてヒゲイノシシやカニクイザルを誘導しているという。

また、二つの島にはヒゲイノシシの食料となる果物の木があり、さらにヒゲイノシシは海岸でカニや貝、死んだ魚などを食

写真41　ヒゲイノシシが海を泳いで往来するガヤ島（右）とサピ島（左）の間の浅瀬

写真42　多数の観光客が訪れるサピ島

べているという。

自動撮影カメラに写ったヒゲイノシシ

ここでは、これらの二つの島を行動圏にして、ヒゲイノシシが海を往来している。写真43は、サピ島の対岸のガヤ島の海岸に設置した自動撮影カメラに写ったヒゲイノシシである。このあたりにはヒゲイノシシの足跡があり、海岸の砂地を掘り起こした跡もみられた。

ガヤ島にもサピ島にも、ヒゲイノシシの獣道や足跡などが各所にあった。足跡には大きなものや小さなものがみられたので、親や子のヒゲイノシシがいることがわかり、ヒゲイノシシが繁殖しているようすもうかがえた。

また、サピ島には大きなトカゲであるマレーオオトカゲ（写真44）もいて、島を歩いていると出会うことがある。ちなみにこのトカゲも泳ぐことができ、ミズオオトカゲともいわれる。

②バビルサ

バビルサ

バビルサ（写真45）は、インドネシアのスラウェシ島とその周辺の

写真43　ガヤ島の海岸に現れたヒゲイノシシ
（2015年３月25日20時55分撮影）

写真44　泳ぐこともできるマレーオオトカゲ
（2015年３月撮影）

島々に生息する動物である。成長した個体は、60～１００kgほどになる。体毛に乏しく、灰色または灰褐色の皮膚が露出する。特にオスの上顎の犬歯は巨大で、鼻と目の間の皮膚をつきぬけて上方に突出する。この犬歯のありさまがシカの角のようにみえるところから、バビルサ（babi：pig, rusa：deer）と名づけられたといわれる。食性は雑食性で、草木の葉や根、漿果《しょうか》、地虫類などを食べる。容易に慣れるため、肉や犬歯を得る目的で飼育もされてきた[48]。

写真45　泥浴びするバビルサ
（1996年．インドネシアで撮影）

湖に潜ったバビルサ

バビルサについては、１９９３年10月25日の午前10時頃に、幅10kmのスラウェシ島のポソ湖（図13－⑫）を1頭のオスのバビルサが東側から西側に向かって泳いでいるのが目撃されたとの報告がある[49]。このバビルサは、ボートが20mほどの距離に近づいたときに潜水し、30秒間ほど水中に姿を隠したというからおどろきだ。このバビルサは、鼻、目、耳を水面上に出して泳いでいたという。

ポソ湖では、このほかにも早朝に泳ぐバビルサが目撃されている。バビルサは子でも泳ぐことができるといわれる。ポソ湖以外の地域でも泳ぐところが目撃され、たとえばスラウェシ島のトミニ湾を泳いで島に渡る事例などが報告されている[50]。

第4章

現代の日本のイノシシが湖や海を泳ぐ構図

従来の私たちのイメージでは、イノシシは「山の動物」というのが普通であった。とても、湖や海を泳ぎ島に渡る動物にはみえなかった。しかし、現代のイノシシは、琵琶湖や各地の海を泳ぎ島に渡っている。このような状況は、ひとつには、イノシシの生息地が本州、四国、九州の本島部の湖岸部や海岸部にまで拡大しているために生じていると考えられる。さらに、もうひとつは、島に持ち込まれたイノシシやイノブタが野生化し繁殖したことによっていると考えられる。

ここでは、このような状況をみながら、さらにイノシシが湖や海を泳ぐ要因などを考えてみたい。

1　変動するイノシシの生息地

図14は、明治・大正期、1978年頃、2003年頃の各時代のイノシシの生息地をみたものである。図から、明治・大正期の頃は北陸や東北地方、琵琶湖、瀬戸内海、九州などの島嶼部などかなりひろい地域にイノシシが生息しないところがみられたが、その後イノシシの生息地が著しく拡大していることがわかる。

①江戸時代の生息地

北陸や東北地方にもイノシシが生息していた

しかし、江戸時代までさかのぼると、明治・大正期の頃のイノシシの非生息地にもイノシシが生息していた。たとえば、現在の福井県、石川県、長野県北部といった北陸地方や中部地方北部には、

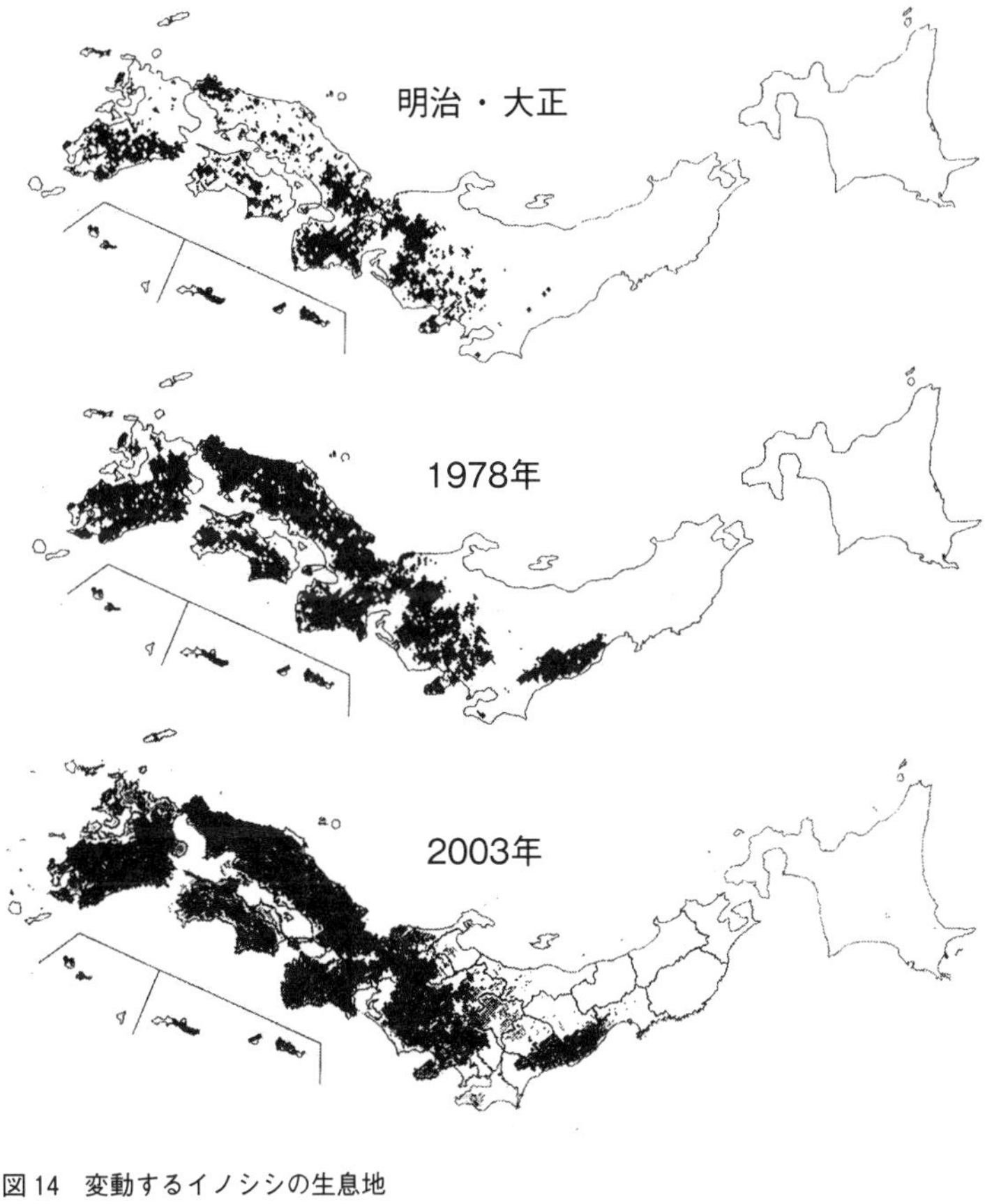

図14　変動するイノシシの生息地

（明治・大正と1978年は高橋（1995）[51]による．2003年は環境省生物多様性センター資料による）

イノシシやシカなどが耕作地に侵入して農作物に被害を与えないようにするために江戸時代に農民が作ったシシ垣の遺構が残っている。[52] また、東北地方の蔵王《ざおう》山東麓ではイノシシが伊達《だて》藩主の狩りの対象になったり被害を与えていたことが報告され、[53] 青森県の八戸《はちのへ》藩では「猪飢渇《いのししけがじ》」と呼ばれたイノシシ被害が生じたこともある。[54]

開墾とイノシシの被害

近世は、各地で土地の開墾が進んだ時代である。このような時代、開墾の前線にあたる山麓部や山地部ではイノシシと農民のせめぎ合いがみられた。山麓や山間に住む農民は、耕作地に侵入してくるイノシシとの苦闘を余儀なくされたのである。

近世末期の岐阜県北部の山間部の農民の「シシ追い」のようすを『斐太後《ひだご》風土記』[55]はつぎのように記している。「……初秋穂の出づる頃より、山中に小屋を掛て、老人児等に家を預け置、村中の男女おのがじし、山畑の小屋に一人宛別れ行て、夜々守り、案山子を立、夜もすがら鳴子をひき、猪笛を吹板等を打鳴し、不断声を揚て、猪を驚かし逃げ去らしむ。……」。シシ追いとは、イノシシやシカなどを音、声、ニオイなどで追い払うことをいう。

しかし、シシ追いは多大の労力を必要とした。特に不眠不休の作業が要求されるので、農民にとっての辛苦はたいへんなものであった。そのようすを『斐太後風土記』はつぎのように記している。「夜守の者、小屋にて熟睡ぬれば、其を狙ひより、猪来て、作毛を食荒す故、終夜聊《いささか》怠らず声をあけ、鳴物を鳴して、猪を追ことは、里の村々の平田に稲のみ作る農民よりは、いたつき如何ばかりか多からむ。……実に深山中の村民の辛苦、想像て憐むべき事なりけり」。

島にもイノシシが生息していた

江戸時代には、島にもイノシシが生息していた。瀬戸内海の島嶼部では、前述のように香川県の小豆島にイノシシが生息し農作物に被害を与えたのでシシ垣が構築された[56]。広島県の倉橋島や蒲刈島などでも、イノシシによる被害を防止するためにイノシシ狩りが行われていた[57]。愛媛県西条市の西条自然学校の山本貴仁さんによれば、愛媛県の大島（図20参照）では江戸時代後期に今治《いまばり》藩主がイノシシやシカの狩りをしていたという。瀬戸内海の島以外でも、宇和海の九島や御五神島[58]、九州の対馬や五島列島[59]や天草下島などにイノシシが生息していた。

泳ぐイノシシの記録

そして、この頃にも海を泳ぐイノシシの記録がある。たとえば、蒲刈島で１７０６年（宝永３）に行われたイノシシ狩りのときに１頭のイノシシが海で捕獲された[60]。また、岡山県の鹿久居《かくい》島で１７７０年（明和７）に捕獲されたイノシシは、本州から海を泳いで渡ってきたものであろうといわれている[61]。

②明治・大正期の生息地

縮小するイノシシの生息地

江戸時代からのイノシシの生息地の変動をみると、明治・大正期の頃にイノシシが減少し生息地が目立って縮小する時代が出現する。

当時のイノシシの生息地をみると、中部地方の中・南部から近畿地方、九州地方南部などは連続性をもった生息地がみられるが、ほかは連続性に乏しい。当時のイノシシの生息地の北限は、栃木県の北部あたりであった。北陸や東北地方、各地の島では、イノシシの生息をみなくなった。また、そのほかの地域でもイノシシの生息地が縮小していった。

このようなイノシシの生息地の消滅や縮小は、土地の開墾や開発がさらに進んだこと、明治以降の狩猟の解禁にともなう狩猟圧や豚コレラなどの影響を受けたことなどによると考えられる。

北陸や東北地方からイノシシがいなくなる

特に北陸や東北地方などの積雪地では、長期間の積雪と降雪、凍結などにより食料の確保が困難となったり、時折くる豪雪がイノシシ集団を雪の中に閉じ込め大量死をもたらすことがあった。大雪の中に取り残されたイノシシがまとまって捕獲されたり、積雪で動きが遅くなったり雪上に足跡が残るため捕獲されやすかったことも影響し、明治・大正以降いちはやく姿を消していったものと思われる。なお、「猪飢渇」が起こった八戸は東北地方にあっても太平洋側に位置し、冬季の積雪や寒さは比較的穏やかであった。

島からイノシシがいなくなる

また、本島部以外の多くの島は、イノシシの生息地となる土地の面積が限られているため、開墾や開発が進み、狩猟圧が高くなるとイノシシがいなくなっていった。この時代は、本州、四国、九州の本島部の周辺の島々からはイノシシがいなくなり、わずかに淡路島（５９２・５５㎢）や五島列島の中通島《なかどおり》（１６８・３１㎢）などに生息するにすぎなくなった。

③現代の生息地

拡大するイノシシの生息地

ところが一転、高度経済成長期の頃からイノシシの生息地が勢いよく拡大する。１９７８年頃の生息地をみると、特に阿武隈《あぶくま》山地、中国地方、九州地方北部への生息地の拡大が顕著にみられる。その結果、宮城県の南部付近を北限に、中部地方から九州地方にかけて連続的なイノシシの生息域が形成されるようになった。２００３年頃の状況をみると、さらにイノシシの生息地が拡大していることがわかり、その傾向は現在も続いている。

我が国の各地で泳ぐイノシシが目撃されるのは、この時代である。

2　生息地が拡大する背景

まず、現代のイノシシの生息地が拡大している背景についてみてみよう。

①暖冬化

積雪や凍結とイノシシ

イノシシの生息に影響を与える自然的要因として、積雪、凍結、乾燥などがあげられる。(62)これらの中で、我が国では積雪や凍結が問題となろう。

冬季のイノシシの食料は地下の植物の根茎などが主となるため、長期間の積雪や凍結は食料の確保を困難にする。そのため、昔から積雪地では冬になるとイノシシが雪の少ない地域に移動するといわれてきた。前述した『斐太後風土記』にも、「……初雪降積れば、山中の猪群猪児を伴ひて、雪の少なき益田《ました》郡、又は美濃国の郡上《ぐじょう》郡の山々に、移り栖《す》むとて……」とある。

雪の中をラッセルするイノシシ

しかし、イノシシは積雪地においても、餌場へのアクセスと食料の確保が可能ならば生息することができる。イノシシは雪を押しのけながら行動することもできるので、(63)斜面などの雪の少ない箇所の食料や雪上の木の樹皮などを食べることができる。写真46は、滋賀県北部の多雪地である伊吹山地の獣道（米原市甲津原《こうづはら》の山林）に設置した自動撮影カメラに写った雪の中をラッセルするイノシシである。ここは琵琶湖に流入する姉《あね》川の上流部で、川に沿ってほぼ南北に長い谷が走る。この谷には、それに沿って獣道がみられる。写真は、このような獣道に設置したカメラによって撮影したものである。写真にはイノシシの顔や肩の付近が写っているが、このイノシシは降り積もった新雪を押しのけて獣道を切り開いている。

かつて私は、滋賀県の雪深い伊吹山地を猟場とする狩猟者から、イノシシがマツやスギの大木の下に雪を取り除いた浅い凹地を作ったりササ原に浅い凹地を作って雪をしのいでいるといった話を聞いたことがあり、実際にそのような現場を目撃した。

したがって雪は、絶対的に不利に働くわけではない。しかし相対的には、イノシシの生息に不利に働く要素をもつ。また山間部の冬季の寒さは、特に栄養を成長に費やすイノシシの幼獣には厳しいものがあろう。

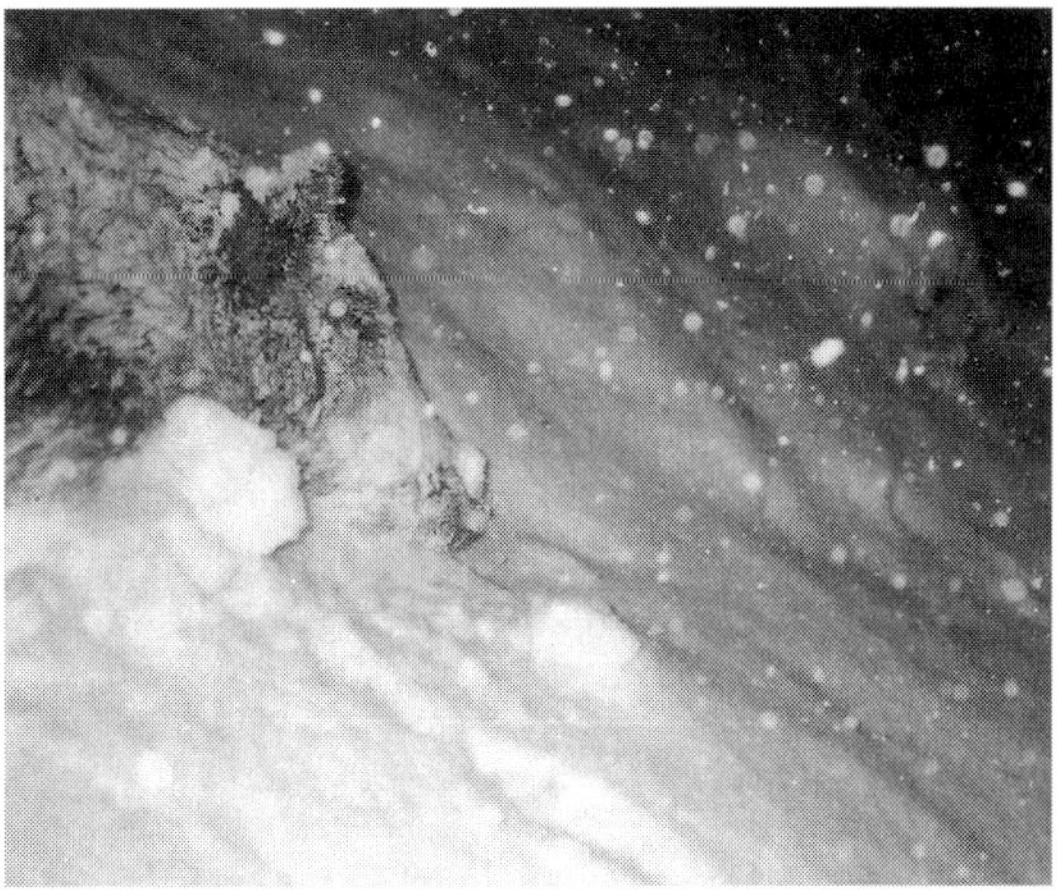

写真46　雪にうもれた獣道をたどるイノシシ
（2005年３月13日20時29分撮影）

加えてこのような積雪地では、大雪の中に取り残されたイノシシがまとまって捕獲されたり、雪上に残る足跡から捕獲されやすくなる。

暖冬化の影響

このように雪は相対的にイノシシの生息に不利に働くと考えられるが、我が国ではここ数十年来の暖冬化による少雪で、まとまった積雪量が継続する多雪地が縮小し、まとまった降雪量が継続することがない積雪地周辺や非積雪地が拡大している。前述した伊吹山地でも、1986年頃より積雪量が少なくなった。

積雪量が少なくなると、冬季は地中の植物の根などを食料にするイノシシがそれらを探しやすくなる。また、暖冬化は幼獣の生存率を高め、豪雪によるイノシシ集団の大量死も少なくなる。さらに、暖冬化により植物の芽吹きや開葉が早くなりかつ落葉が遅くなると、植物質の食料が長期にわたって得られる(64)。

暖冬化の影響は、特に積雪の多い滋賀県北部、北陸、東北地方などでみられると推察されるが、幼獣の生存率の上昇や長期にわたる植物質の食料の獲得などは全国的なイノシシの生息地拡大につながっていると考えられる。

近年の我が国におけるイノシシの生息地拡大は、ひとつにはこのような自然的要因に支えられていると考えられる。フィンランドやノルウェーなどでも、雪などの気候的な影響とイノシシの生息地拡大の関係が指摘されている(65)。

②土地利用の変化など

過疎化や耕作放棄地などの増加

イノシシは、もともと平野部から山地にかけてひろく生息する動物であった。しかし、平野部、山麓部、山間部の平地や緩傾斜地の開拓が進むにつれ時代とともにイノシシの生息地は縮小し、本州、四国、九州の各本島といった大きな島の山地部に追いやられ、本島の周辺のほとんどの島から姿を消した。

しかし、現代はどうであろう。高度経済成長期以降、我が国の山間部では過疎化が進んだ。加えて、１９７０年以降の米の生産調整や農業従事者の高齢化と後継ぎ不在などにより、山間部や山麓部では耕作放棄地や放置竹林などがどんどんと増えていった。

世界農林業センサスによれば、我が国の耕作放棄地の面積は１９７５年にすでに13万haあり、その後も増え続け、２０１０年には40万haもの耕作放棄地がみられるようになった（図15）。耕作放棄地面積は、農業地域類型別では中間農業地域に最も多く、耕地面積に対する割合で

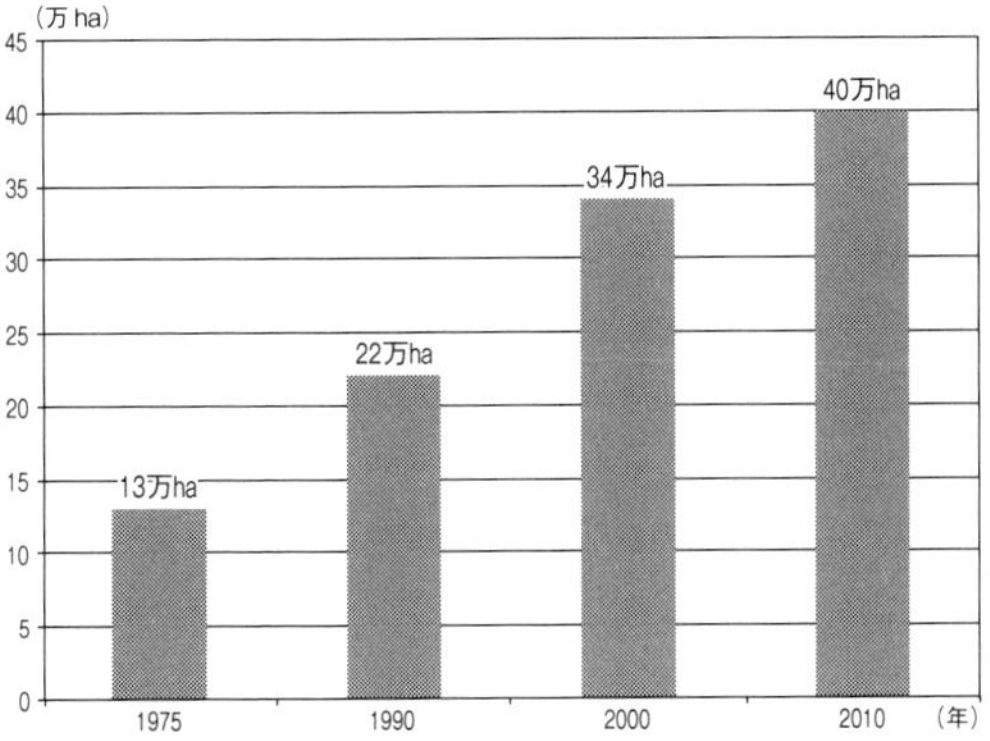

図15　耕作放棄地の推移（全国）（2010年世界農林業センサスより作成）

は山間農業地域が最も高くなっている。これらの地域は傾斜地であるため、経営規模の零細性や機械化の限界も耕作放棄地を生み出す原因となっている。

耕作地の放棄は、アクセスが困難な山の奥のほうの農地から始まり周辺へと拡大している。このような放棄された土地にはクズ、ススキ、ヤマノイモ、ササ、タケなどが侵入し、非常に多くの藪地がみられるようになった。

また、放置された竹林が増え、各所に竹藪がひろがるようになった。かつて竹林は農家の稲木、さお、竹の手、かべ下などに活用され、タケノコは住民の食料となっていた。しかし、1970年頃からそのような利用が低下し、1980年代後半からは外国産タケノコの大量流入や食の変化によりタケノコの利用も低下した。そのため、放置された竹林が増えた。そのほかに、放棄されたミカン畑や田畑の残滓《ざんし》（田畑に捨てられる作物のクズやキズもの）なども各所にみられるようになった。

耕作放棄地にできた獣道に現れるイノシシ、シカ、サル、タヌキ、ウサギ、ハクビシンなど

このような状況は、イノシシに好都合な生息環境を作り出している。耕作放棄地は、格好のイノシシの餌場、移動経路、潜伏地となっている。[66] 写真47は、滋賀県の比良山地山麓部（滋賀県大津市栗原）の耕作放棄地にできた獣道に設置した自動撮影カメラに写ったイノシシである。写っているのはイノシシの子であり、このような耕作放棄地がイノシシの繁殖場や子育ての場にもなっているようすがうかがえる。

写真47　耕作放棄地にできた獣道に現れたイノシシ（2010年１月８日18時１分撮影）

タヌキ（2013年３月13日５時８分撮影）

シカ（2010年６月４日10時24分撮影）

ウサギ（2011年11月21日22時10分撮影）

サル（2012年５月３日13時57分撮影）

写真48　同じ獣道に現れた動物たち

クズ、ススキ、ヤマノイモ、ササ、タケなどが侵入した耕作放棄地やその周辺を調査すると、トンネル状になった獣道、笹藪が鮮やかに切り裂かれた獣道、人間が十分に歩けるような獣道などがあちらこちらにあるのに最初はおどろかされるものである。しかし、調査を重ねていくと、イノシシはじめ多くの野生動物がこのような獣道を利用して里地に入り込んでいることがわかってくる。

写真48は、写真47と同じ獣道に設置した自動撮影カメラに写った動物たちである。同じ獣道を多くの動物が使っていることがわかる。このカメラには、イノシシのほかにシカ、サル、タヌキ、キツネ、ウサギ、テンなどの在来種や外来種のハクビシンなどが写った。写真48のサルが食べているのは、耕作放棄地に侵入した笹藪のタケノコである。

背丈が高くなった耕作放棄地は、外側からみていると単なる藪地にみえるだけだが、その中にはこのような動物が通る多数の獣道があり、山地部ともつながっているのである。

シシ垣を乗り越え侵入するイノシシ、シカ、サル、キツネ、アライグマなど

また、竹林や竹藪のタケノコはイノシシの食料となり、放棄されたミカン畑や田畑の残滓も餌場などとなっている。写真49は、琵琶湖の西側の湖岸の沖積《ちゅうせき》平野（扇状地）に立地している大津市荒川で撮った写真であり、ここには竹林に現れた成獣のイノシシが写っている。

この竹林は荒川の集落の中にあり、まだ現地の人がタケノコを採っているのであるが、大胆にも、その竹林にイノシシがやってきているのである。イノシシは、鋭い嗅覚で住民よりも早くタケノコを探し当て食べている。カメラには地元のタケノコ採りの人も写っており、イノシシと住民が競っ

写真49　竹林に現れたイノシシ
（2011年４月12日20時44分撮影）

てタケノコを採っているようすがうかがえるが、住民よりも早くイノシシが地中のタケノコを探し当て、イノシシが食べた後のタケノコの皮と先っぽだけが残っているような現場を私は何回となくみてきた。

大津市荒川には、イノシシやシカの被害対策と土石流災害を防止するために江戸時代に作られたシシ垣の遺構がいまも残っていて、集落を取り囲んでいる。このシシ垣は、比良山地に豊富な花崗岩を積み上げたものである。しかし、いまや取り除かれたり崩れたりしている箇所が目立つ。そして、崩れて低くなったシシ垣の部分などには獣道が通っているところもめずらしくない。前述した竹林にやってきたイノシシは、このようなところから侵入してきたのである。写真50は、このような箇所に設置した自動撮影カメラに写った動物たちである。写真には、イノシシのほかにシカ、サル、キツネなどが写り、さらにはアライグマやハクビシンといった外来種も同じ獣道を使いシシ垣を乗り越えていた。

失地回復し、生息地を拡大させるイノシシ

現代は、このような状況のもとに本州、四国、九州の各本島の山地部に追いやられていたイノシ

イノシシ（2009年10月14日 1時17分撮影）

アライグマ（2009年9月9日1時24分撮影）

シカ（2009年9月16日19時56分撮影）

ハクビシン（2009年10月13日21時4分撮影）

サル（2009年11月8日13時46分撮影）

写真50　同じ獣道を使いシシ垣を乗り越える動物たち
（シシ垣の右側に集落，耕作地，竹林がある）

シが、失地回復とばかりに山地部から平野部にまで生息地を拡大させている。前述した『斐太後風土記』には、「夜守の者、小屋にて熟睡ぬれば、其を狙ひより、猪来て、作毛を食荒す故、終夜聊怠らず声をあけ、鳴物を鳴して、猪を追ことは、里の村々の平田に稲のみ作る農民よりは、いたつき如何ばかりか多からむ」と記されているが、いまや「里の村々の平田に稲を作る農民」もイノシシ被害に手を焼く時代となった。

そして、湖岸や海岸付近まで生息地を拡大させたイノシシは、さらに湖や海を泳いで周辺の島に渡っているのである。

島々でも進む過疎化や放棄される耕作地やミカン畑

泳ぐイノシシが話題となっている各地の島々でも、高度経済成長期以降、山間部と同様に過疎化が進んだ。加えて、耕作放棄地や放棄されるミカン畑、放置された竹林などもどんどんと増えていった。前述した愛媛県宇和島市の日振島を思い出してほしい。日振島では、高度経済成長期の頃から働き手が島外に出たため段畑を耕作する者がいなくなり、放棄された段畑が森や藪になってしまった。

ここでは、後でも取り上げる弓削《ゆげ》島、生名《いきな》島、佐島、岩城島、赤穂根《あかほね》島、魚《うお》島、高井神《たかいかみ》島などの島々（図20参照）から構成される愛媛県越智《おち》郡上島《かみじま》町のようすを紹介したい。上島町は、２０１６年１月31日現在の人口は７３０３人、世帯数は４０７２世帯であり、町の面積は30・３８㎢である。人口の推移を１９８０年から10年ごとにみると、１万２６６９人、１万４４２人、８６０５人、７

648人と人口減少が続いており、ここ35年ほどの間に人口は60％あまり減少した。

上島町役場の資料によると、2010年の当地の総農家の経営耕地面積は153ha、耕作放棄地面積は307ha（販売農家58ha、自給的農家75ha、土地持ち非農家175ha）となっており、耕作放棄地率は実に66・7％に及んでいる。図16に、1990年以降の耕作放棄率の推移を5年ごとに示した。これをみると、1990年にすでに26・8％の耕作地が放棄されており、その後も耕作放棄は進み、2005年には約半数の耕作地が放棄されるようになった。当地の耕作放棄地は、現在も増加している。

ほかの多くの島々もまた同じような傾向にあり、そこにはイノシシにとって好都合な生息環境が生れるようになっている。

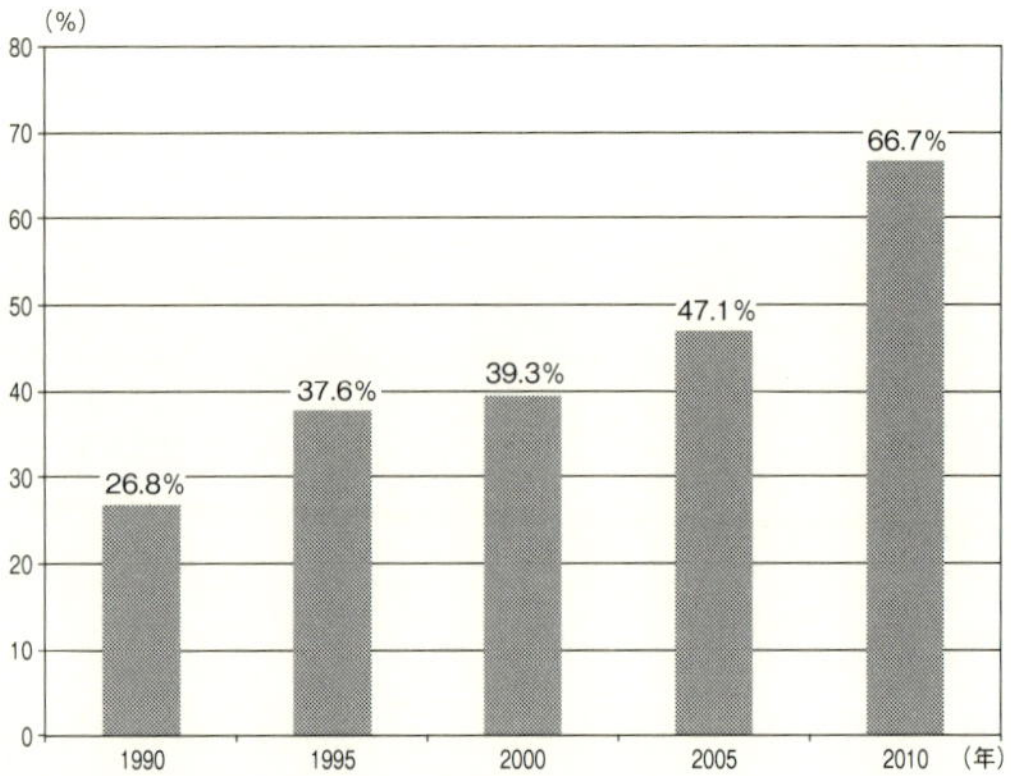

図16　愛媛県上島町の耕作放棄率の推移
（上島町役場資料より作成）

GPSによるイノシシの追跡調査

図17は、イノシシにGPSを装着して行動を追跡したものである。イノシシがいかに里地に侵入しているかがわかる。このイノシシはオスの亜成獣で、滋賀県北部の長浜市徳山町を流れる草野川の近くで2006

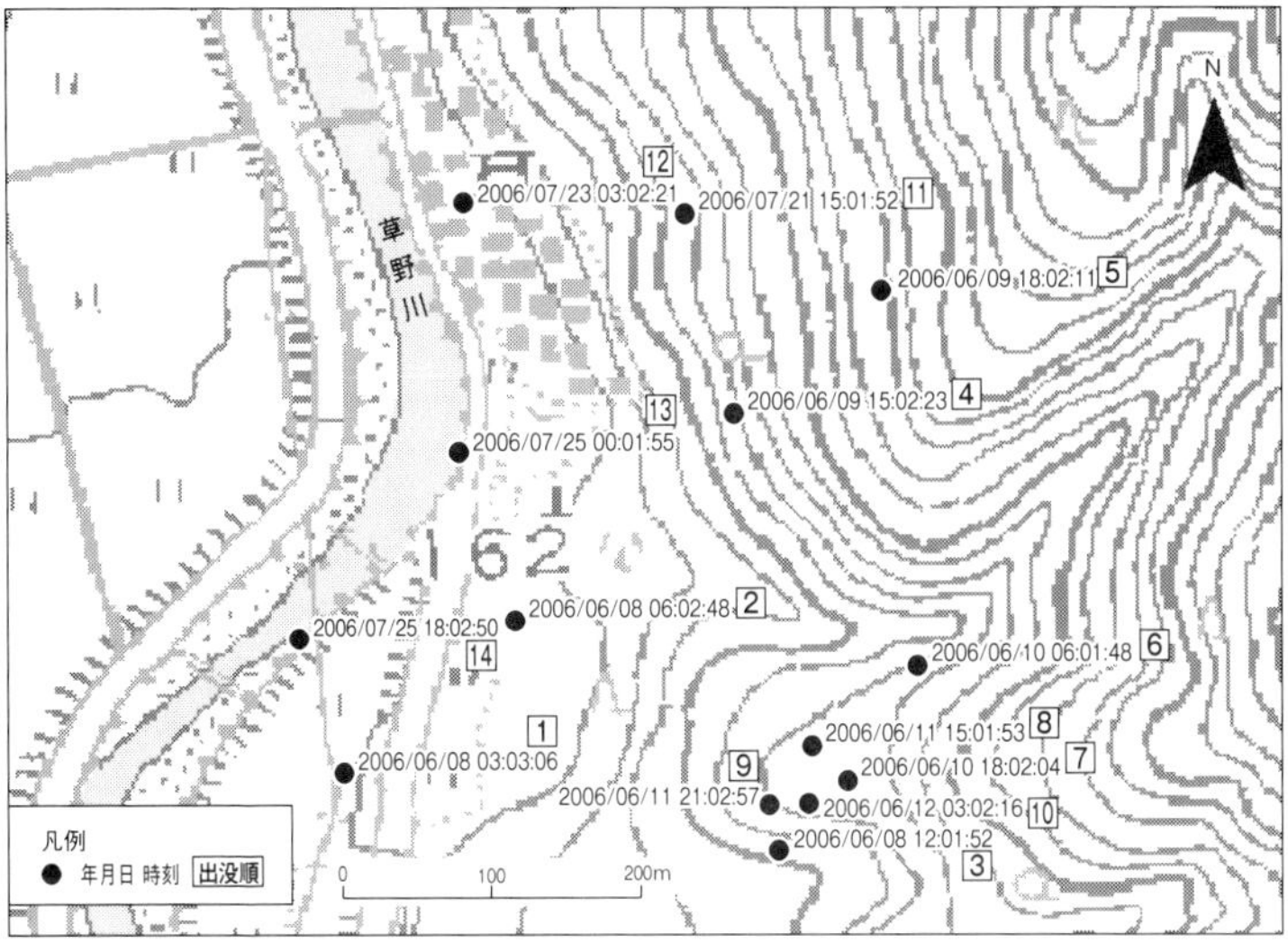

図17　GPSによるイノシシの行動追跡

年6月7日に捕獲した。図には、6月から7月にかけてのイノシシの行動が示される。

このイノシシは徳山の集落周辺に居つき、その行動圏は直径1・7㎞ほどの円内におさまる比較的狭いものであった。夜間に、集落の中や耕作地に入ったり、草野川の川べりや河川敷にいた。

当地では、イノシシによるイネの被害が最も多い。そのイネの生育期に、イノシシが集落や耕作地と耕作地周辺などに出没しているようすがみてとれる。

図には、イノシシの詳細な行動のようすが示される。2006年6月8日の午前3時3分6秒と午前6時2分48秒の時点の位置データは、徳山の集落の田畑にイノシシが侵入しているようすを示している。また、2006年7月23日の午前3時2分21秒の時点のイノシシは、集落の家が立ち並ぶ中にいる。人の気配の多いところではイノシシの活動は夜行性になるといわれ、このデータもまたそのような傾向を示しているが、それにしても集落の真っただ中にまで侵入しているようすにはおどろかされる。

２００６年7月25日の午前０時１分55秒と7月25日の午後6時２分50秒の時点のものは、草野川の川べりや河川敷あたりにイノシシがいたことを示している。川は山間や山麓を通り、海や湖に流れ込む。その間に、耕作放棄地や放置竹林などがひろがる場所も通る。この時代、川で遊んだり河川敷などを利用する子供や大人などはほとんどいないため、川はイノシシにとって格好の移動経路や潜伏地になっていると考えられる。(67)

イノシシの狩猟や駆除

我が国では、１９７５年度に50万人を超えていた狩猟免許所持者の減少が進み、２０１２年度には18万人ほどになった。加えて狩猟者の高齢化も進んでいる。このような狩猟者の減少や高齢化も、イノシシなどの野生動物の増加や生息地の拡大につながっているといわれる。

また、猟犬を使ったイノシシの巻き狩りや被害対策のための猟犬を使った駆除は、イノシシの分散をまねくことがあると考えられる。海外のイノシシや野生化したブタの事例をみると、単発的な狩猟などはイノシシを行動圏から追い出すことはないが、強い狩猟圧などがかかると彼らの行動圏を移動させてしまう。(68) つまり、イノシシを分散させることになる。

かつて、私が２００６年9月に滋賀県大津市の栗原でGPSを装着したオスの成獣のイノシシは、京都府の丹波高地の美山《みやま》から福井県の名田庄《なたしょう》や小浜《おばま》あたりまで移動し、その移動距離は直線でおよそ50㎞にもなった。最後は、京都府の美山で巻き狩りをする狩猟者に捕獲された。12月末のことであった。この時期は、イノシシが食料となる木の実を求めて山地を移動したり、発情したメスを追い求めたりするために移動範囲がひろくなるが、このような長距離移動や分散には猟犬などに追われたことを考慮する必要があろう(69)。

③イノシシやイノブタの持ち込み

イノシシとブタとイノブタの関係

前述したように、ブタはイノシシを家畜化したものである。両者の関係は、学名をみるとよくわかる。イノシシの学名は *Sus scrofa*、ブタの学名は *Sus scrofa domesticus* となる。学名はラテン語で表記されるが、両者の学名をみるとブタがイノシシから家畜化（domestication）されたことが理解される。イノブタは、このようなブタとイノシシの交雑種である。

イノシシやイノブタの飼育

我が国では、高度経済成長期の頃からイノシシの生息地が拡大し捕獲数も増加していく。そして、捕獲されたイノシシ肉は自家消費される一方で商品化もされていった。イノシシ肉は高度経済成長期のレジャーブームなどにのり、山間の温泉地や旅館・料亭などで人気を博するようになった。イノシシの肉は、ボタン鍋といわれる鍋物や焼き肉を中心に汁物、味噌漬、燻製、佃煮《つくだに》、しぐれ煮などとして料理されてきた。

このようなイノシシ肉の商品化の中で、肉を出荷する目的でイノシシを飼育する者が現れるようになった[70]（写真51）。イノシシの飼育経営は、うまくいけばイノシシ肉を安定して供給でき、しかも肉の品質にばらつきが少ないという利点があった。

このようなイノシシの飼育が各地にみられ始めるのは１９６５〜１９７４年頃で、１９７５年以降に主として西南日本を中心に全国的に展開するようになった。

写真51　飼育されるイノシシ（1980年. 岡山県鏡野町で撮影）

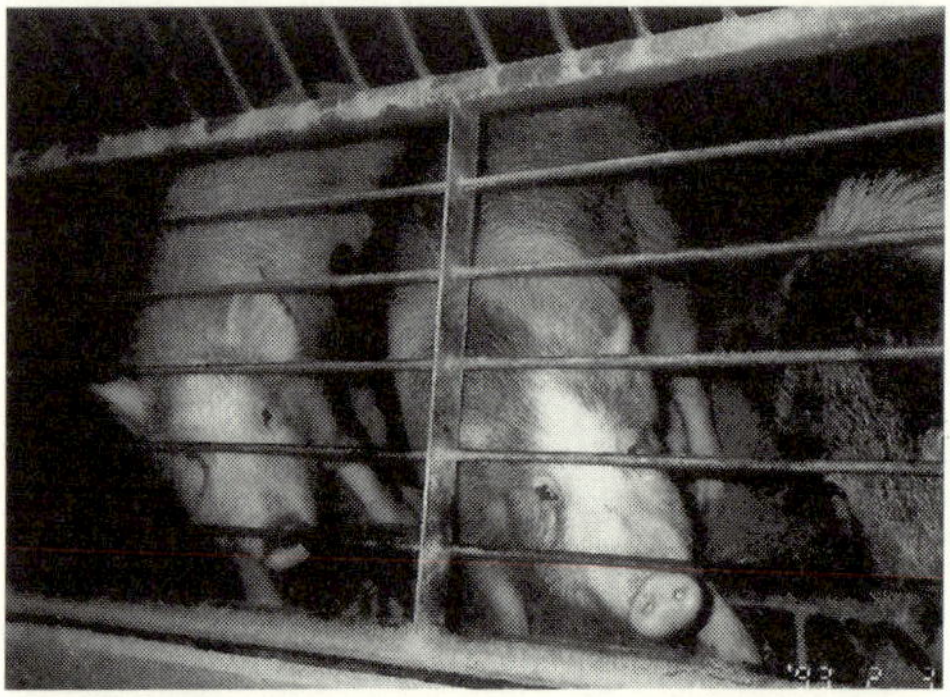

写真52　飼育されるイノブタ（1991年. 長野県王滝村で撮影）

イノブタの飼育（写真52）の開始や展開もほぼ同時期であった。イノブタ飼育は、ブタとの交配によりイノシシ飼育よりも出産数を増やし、イノシシの肥育期間が長いというマイナス面を改善する目的をもっていた。ブタとイノシシを交雑させたイノブタは、イノシシよりも多くの子を産み早く大きくなった。

イノシシと交雑されるブタは、ランドレース、デュロック、ヨークシャー、バークシャーなどである。

このようなイノブタ飼育もまた、全国的に行われるようになった。イノブタの肉の特徴は、歯ごたえのある野性味を魅力とするイノシシ肉と違い、少々の脂っこさはあるものの軟らかでこざっぱりした味を有するところにあった。イノブタ肉は、焼き肉、鍋物、丼物、汁物を中心にソテー、シチュー、グラタンなどとして料理されてきた。

イノシシやイノブタの飼育では、主に養豚用の配合飼料が餌として用いられ、イモ類、穀類、野菜類、果物、堅果類、魚やニワトリのがらなども与えられた。

持ち込まれたイノシシやイノブタの野生化

このようなイノシシやイノブタの飼育は、イノシシやイノブタをかなりの遠隔地も含め各地に持ち込むことになった。そして、持ち込まれた土地で、これらのイノシシやイノブタの野生化を生み出すことにもなった。それは、つぎのようないきさつによる。

飼育されたイノシシやイノブタの販売と収入を目的として始まり展開していった飼育経営の中には、販路の確保や飼育技術などに問題をかかえる場合も多く、経営の行き詰まり、管理の不行き届き、飼育の放棄などが各地でみられた。そのようなところでは、逃げたり遺棄されたりするイノシシやイノブタが発生することになった。

もともとイノシシやイノブタは、飼育の管理を厳格にしないと柵の下を掘ったり柵の隙間などを壊して逃げやすい動物である。したがって、飼育が順調に行われている場合でも野生化が起こることがある。

また、イノシシやイノブタを小屋、柵、檻などから出したり入れたりするときや運ぶときなどにも、それらを逃がすことがある。

野生化し繁殖したイノシシやイノブタは、周囲に在来のイノシシの生息地があれば、イノシシの生息地を拡大させるような形でそれらに吸収されていくと考えられる。

しかし、野生化した地域がイノシシの非分布地であれば、そこには新たなイノシシやイノブタの生息地が形成されることになる。イノブタは、雑種第三代以降はイノシシと姿かたちの見分けがつきにくくなるといわれる(71)。

イノブタはまた、狩猟資源として放獣されることもある。有色のブタとの交雑種であれば体色がイノシシとそれほど変わらない、代を重ねればさらにイノシシに近くなっていく、イノシシよりも早く大きくなる、イノシシと同様のファイターになる、捕獲後の肉利用が期待できるなどの理由による。

このようなイノシシやイノブタの野生化もまた、イノシシ（含むイノブタ）の生息地拡大の背景になってきたと考えられる。飼育イノシシやイノブタの野生化の実態を正確に把握することは難しいが、全国的にこれらの野生化が発生してきたとされる(72)。イノブタの野生化は、イノシシとは異なるブタの遺伝子によって在来のイノシシの遺伝子が汚染されるという問題も起こしている。

島々にも持ち込まれたイノシシやイノブタ

このようなイノシシやイノブタの飼育や持ち込みは、瀬戸内海や九州周辺の島々でも行われてきた。そして、それらが逃げたりして野生化してきたところもあった。前述した倉橋島、上黒島、小豆島、渡嘉敷島などがそうであるし、後述する生口《いくち》島でもそのような事態が発生した。そのほかにも、大崎上島、五島列島の中通島や若松島、対馬、沖永良部島などで飼育や持ち込みによるイノシシやイノブタの野生化が生じてきた(73)。

このような持ち込まれたイノシシやイノブタの野生化は、これまでイノシシが生息していなかった島に突如としてイノシシやイノブタを出現させるものであった。そして、これらが繁殖した島の中には、周辺の島々にイノシシやイノブタを送り出す中心的な島（dispersal centre）となったところもめずらしくない。

朝鮮通信使とブタとイノシシ

少し古い話であるが、近世の安芸国《あきのくに》広島でのブタの解き放ちの話を紹介しておきたい。安芸国では、当時ブタが飼われていた。そのようすを、1782年（天明2）頃に広島に立ち寄った橘南谿《たちばななんけい》は『東西遊記』の中で、「これらのブタは、色が黒く、毛がはげていて、家の軒下に多い」と記している(74)。

広島の城下町にブタがいたのは、朝鮮通信使の供応用にブタが必要であったためである。朝鮮通信使とは、朝鮮国王が江戸幕府に派遣した使節団で、1607年から1764年の間に11回やってきた。総勢300～500人ほどの大使節団で、瀬戸内海の海路をたどりながら数ヵ月かけ両国間を往復した。

これらの使節団をもてなすため料理に使うブタやイノシシが必要であったのであるが、1748年（寛延元）の朝鮮通信使の際の御用残りのブタは、倉橋島村、瀬戸島村、蒲刈島村などの島々に放たれたとされる。ブタの解き放ちは、1685年（貞享2）にも佐伯《さえき》郡や安芸郡の島々で行われたという(75)。

これらの倉橋島や蒲刈島などの島々ではイノシシの被害があり、倉橋島では1744年（延享元）、蒲刈島では1706年（宝永3）に藩の援助を得て大規模なイノシシ狩りを実施している。この頃は瀬戸内海の島にイノシシがおり、これらのイノシシと放たれたブタの関係はどうであったのであろうか？『東西遊記』の中に紹介されているブタは色が黒いことから、野生化すればイノシシのようになる可能性がある。また、島に在来のイノシシが生息していたなら、それらに吸収・合併されることもあったのではなかろうか。

3　イノシシが湖や海を泳ぐ要因

さて、かつては「山の動物」といったイメージが強かったイノシシであるが、近年はまたたく間に生息地が拡大し、湖や海を泳ぎ島に渡っているイノシシがめずらしくなくなった。このような状況は、主に本州、四国、九州の本島部でのイノシシの生息地の拡大と島に持ち込まれたイノシシやイノブタの野生化によってもたらされていると考えられる。

我が国は、各本島を含め多くの島々から構成されている。特に西南日本の本島部は半島や岬などが多く、それらと島が近いところや島が狭い間隔で連なっているようなところも多い。琵琶湖の竹生島や沖島も岬や半島と近いところにある。このような環境は、イノシシが湖や海を泳いで島に生息地を拡大させるのに好条件となっている。ここでは、イノシシが湖や海を泳ぐ要因についてさらにみていきたい。

もともと水浴びや泥浴びを好んできたイノシシ

私たちにはイノシシは「山の動物」であり、どうみても泳げそうにみえなかったので意外なのだが、実はイノシシはもともと「水」と馴染んできた動物である。というのは、「山の動物」であったときも、水浴びや泥浴びを頻繁に行っていたからである。イノシシは、水溜りや泥地で「ヌタうち」をする動物なのだ。ヌタうちとは、水溜りや泥地に入り、そこで寝ころんだりすることをいう。写真53は、滋賀県北部（旧伊香《いか》郡高月町馬上《まけ》地先、現長浜市）の標高２５０ｍほどの山の山頂付近のヌタ場で２００３年に撮られたヌタうちをするイノシシである。

イノシシには汗腺がないため[76]、このようにして体温を下げているのである。そのため、夏場は水浴びをすることが多いといわれる。水がある耕作放棄地なども、夏場のヌタ場として利用される[77]。

ヌタうちは、体についた虫やダニなどを落とすためにも行われるといわれ、ヌタうち場周辺の木には、ヌタうち後にイノシシが体をこすり付けた跡があちらこちらにみられる。

乾燥大陸といわれるオーストラリアにも野生化したブタが生息しているが、それらは河川や水路沿い、湿地を好んで生息地としているため（写真40）、ウォーターコース（water course）というニックネームがつけられている。[78] イノシシやその仲間は、水浴びや泥浴びを好み、生活の中で水に馴染んできた動物ということができる。

このようなイノシシではあるが、それでもイノシシはなぜ泳ぐのだろう？　外的な影響を受けて泳いでいるのだろうか？　自発的に泳いでいるのだろうか？　それらの両方が考えられるのだろうか？

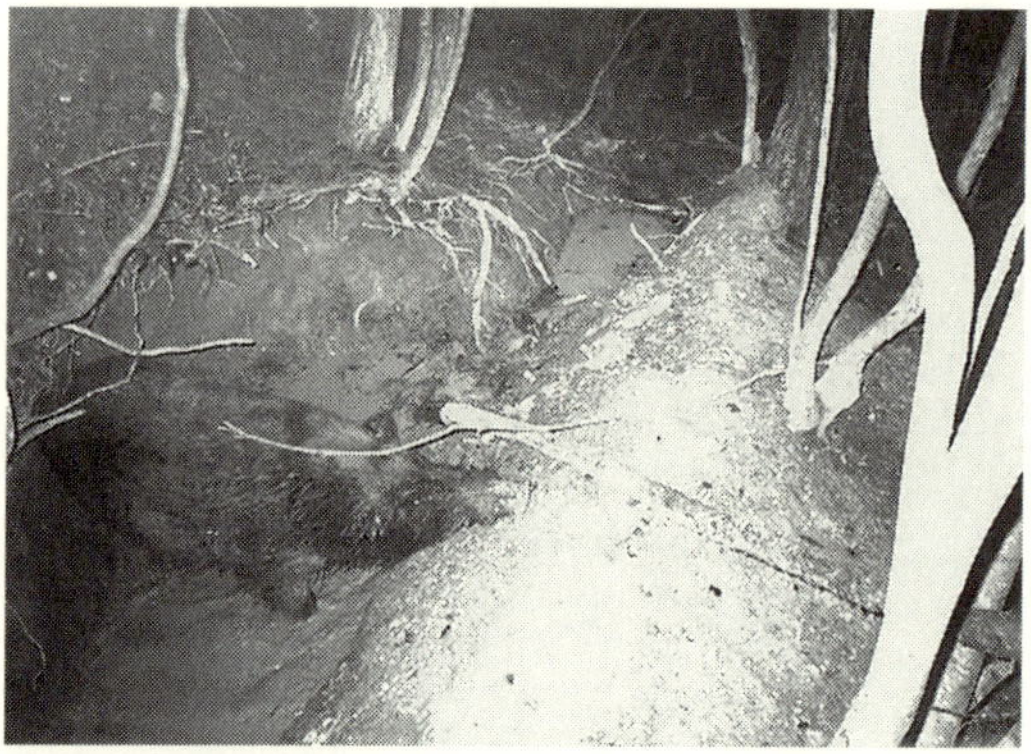

写真53　水溜りに入り、ヌタうちをするイノシシ
（滋賀県湖北農業農村振興事務所提供）

すでに述べたように、有名な博物学者ワラスはイノシシは自発的に泳ぐのではないと指摘している。ワラスはイノシシが泳ぐ要因については述べていないが、自発的でなく何らかの影響を受けて泳ぐ事例として、アメリカで猟犬から逃れるためにイノシシが川を横断したという話がある。[79]

ここではまず、外的な影響を受けて泳ぐ例として、狩猟や駆除、山火事などの影響をみてみよう。

①狩猟や駆除の影響

人気が高い狩猟獣

我が国では古来、イノシシが生息する地域では各地でイノシシの狩猟が行われてきた。イノシシは最も美味な肉を提供してくれる獣である。そのため、各地で狩猟の主対象となってきた。秋から冬にかけては脂肪がのり、特に美味になる。現代でもボタン鍋、ボタン汁、焼肉などのイノシシ料理は人気がある（写真54）。

我が国では明治以降狩猟が大衆化され、戦後のイノシシの生息地の拡大とともにレクリエーションハンターによるイノシシの捕獲が増加していった。捕獲されたイノシシは狩猟者間やその周辺で自家消費される一方で、商品化もされるようになった。高度経済成長期以降は、レジャーブームやグルメ志向などの中で、山間部の温泉地や自動車道路沿いの旅館や食堂あるいは都市部の料亭などでボタン鍋などが人気を博すようになった。イノシシ肉は、地元の旅館や食堂などで消費されるとともに、イノシシ問屋（写真55）などにも出荷さ

写真54　人気があるイノシシ料理
（2016年２月.滋賀県栗東市で撮影）

写真55　イノシシ肉などを扱う問屋
（1991年．兵庫県篠山町で撮影）

れてきた[80]。

　肉以外にも、かつては胆嚢《たんのう》が万病に効くとして、クマの胆嚢につぐ評価を得ていた。また、毛皮は靴の材料になった。イノシシの毛皮で作った靴は地下《じか》足袋《たび》にくらべ丈夫で暖かく、薪《まき》とりなどで山に行くときに重宝だった。いまでも狩猟者がイノシシの大きさを「3足もの」とか「5足もの」ということがあるが、これは靴がいくつ作れるかで大きさを表現しているのである。

　このように、我が国では古くからイノシシを生物資源として有効に活用し、そこから多大の恩恵を受けてきた。

生息地の拡大とイノシシ猟

　イノシシ猟は現在も人気がある。かつては、イノシシは「山の動物」であり山が主な狩場であったが、生息地が拡大した現代では、半島や岬などを含む湖岸や海岸付近でもイノシシ猟が行われるようになった。

　また、島に持ち込まれ野生化したイノシシやイノブタ、泳いで島に渡って繁殖しているイノシシも狩猟の対象となっている。図18は、１９６０年以降の我が国における

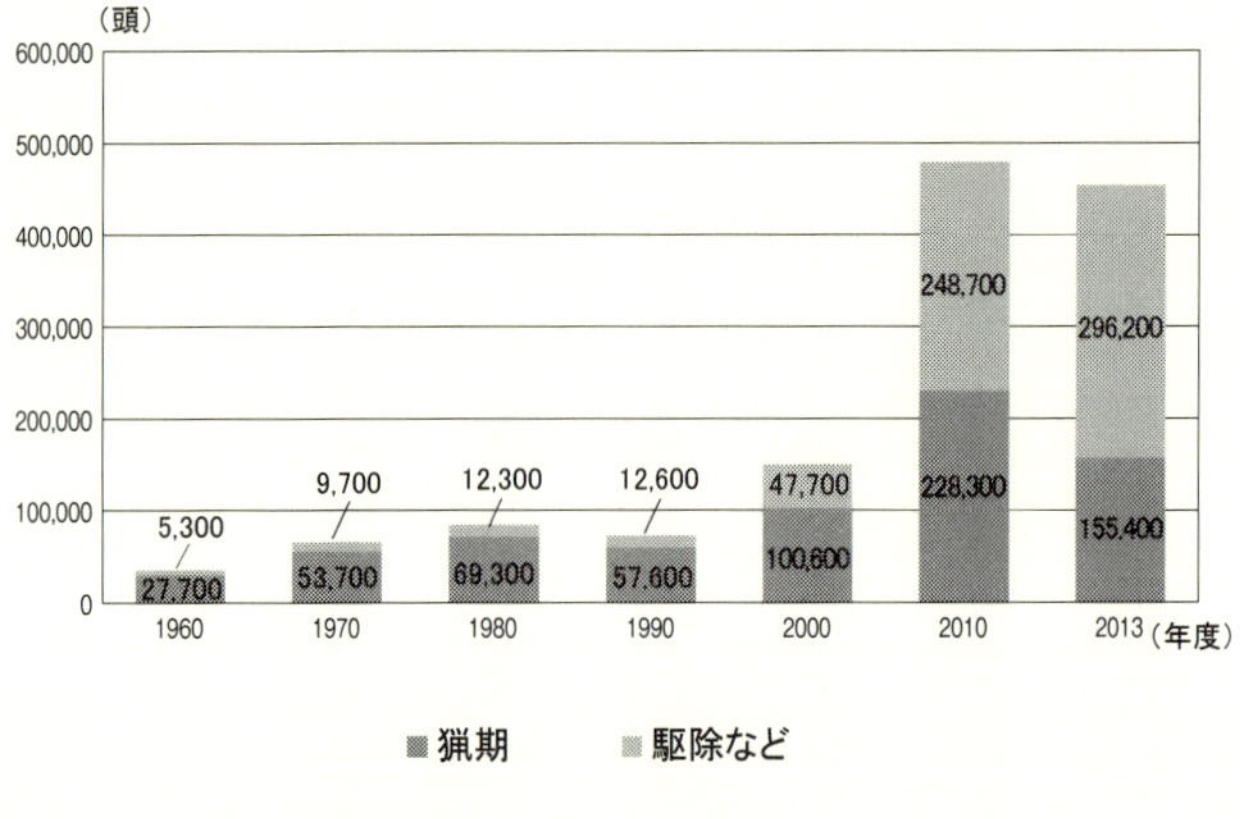

図18　イノシシの捕獲数の推移（全国）（環境省自然環境局資料より作成）

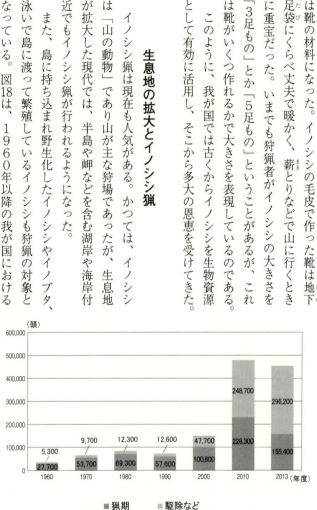

イノシシの捕獲数の推移をみたものである。猟期（毎年11月15日から翌年の3月31日が多い）の捕獲とそれ以外の捕獲（被害対策のための駆除など）を合わせたものが示されるが、イノシシの生息地の拡大に伴い捕獲数も大きく増加していることがわかる。猟期に行われるイノシシ猟による捕獲数をみると、１９６０年度は年間２・８万頭ほどであったが、２０００年度には10万頭を超え、２０１３年度は15万頭以上のイノシシが捕獲されている。

狩猟にはいろいろな方法があるが、主な狩猟の方法のひとつが勢子《せこ》や猟犬を使った巻き狩りである。この方法は、勢子や猟犬でイノシシを追い出し、撃ち手が猟銃で仕留めるという形をとる。撃ち手は、イノシシが通る獣道などで追われてくるイノシシを待つ。

山の下方に逃げるイノシシ

私は、これまでイノシシの生態や農業被害対策の調査のために主として滋賀県で多くのイノシシを捕獲し、電波発信機やＧＰＳを装着し行動を追跡してきた。捕獲には檻を用いるのだが、最初の頃、つぎのような経験をした。

この調査では、電波発信機やＧＰＳを装着するために麻酔を打ったイノシシを檻の中に入れておき、麻酔がさめてから外へ放つ。私は、てっきりイノシシは山の上のほうに向かって逃げると思っていた。だから、檻の入り口を山の上のほうに向け、入り口を開けてやった。すると、イノシシは山の上のほうに10ｍほど駆け上がったが、クルッ！と向きを変え、私たちがいる方向に凄い勢いで向かってきて山の下のほうに駆け下っていった。これには、ほんとうにおどろいた。以後、檻から放つときは、入り口を山の下側に向けることにした。そうすると、いつもイノシシは勢いよく下のほうに駆け下っていった。

狩猟者に話を聞いても、勢子や猟犬（写真56）で追い出されたイノシシもまた多くは獣道などをたどりながら山の下のほうに逃げるという。このようなことを考え合わせると、半島や岬などを含む湖岸や海岸付近では、イノシシ猟中に追われたイノシシが湖岸や海岸を下り湖や海を前にするような事態が発生することが容易に想像できる。

猟犬などに追われて湖や海に逃れる

第1章で紹介したアンケート調査で、「三重県紀北町の赤野島や鈴島に渡ったイノシシは、猟犬に追われたため泳いで島に渡った」との回答があった。私は各地で狩猟者たちにイノシシ猟と泳ぐイノシシの話を聞いてきたので、それらを紹介してみたい。

宇和海周辺を猟場とする狩猟者たちは、つぎのような話をしてくれた。たとえば、岬などで猟犬を使ったイノシシ狩りをしていると、ときにイノシシの気配が消えることがあるという。そのようなときは、周辺の島をさがすという。なぜかというと、いつの間にか追われたイノシシが海を泳いで島に逃れているからだ。

写真56　イノシシ猟に使われる猟犬（左は奄美群島、右は四国で撮影）

同じく、瀬戸内海周辺でイノシシ猟をしている狩猟者たちからつぎのような話を聞いた。狩猟で猟犬などに追われたイノシシは、海の中に突進し、力が尽きるまで泳ぐという。この場合は、目標を定めて泳ぐのではなく、とにかく逃げるために力が尽きるまで泳ぐのだという。

奄美群島の狩猟者たちからも、いろいろな話を聞いた。ある狩猟者は、加計呂麻島でイノシシ猟をしていたところ、イノシシが猟犬に追われて海に入って請島方面に泳いで逃げようとしたので、船で追いかけて捕獲したという。当地では、猟犬に追われたイノシシが海を泳ぐのをみた、あるいは島に上陸したという目撃談はめずらしくない。

前述した大島海峡を泳ぐイノシシの写真が１９９４年2月14日に古仁屋海上保安署の巡視艇「ほしかぜ」によって撮られたときにも、それを伝えた大島新聞は、「ほしかぜがイノシシを発見した時、加計呂麻島では銃声と猟犬の吠える声がしていた」と記している。

当地の海上タクシーや真珠養殖をしている人たちも、銃声や猟犬の声がしているときに海を泳ぐイノシシをみることが多いと声をそろえていう。

前述したように、琵琶湖の竹生島でも、猟期などに追われたイノシシが湖を泳いで避難的に島に渡っているのではないかという狩猟者の話があった。

奄美群島のイノシシ猟

狩猟者から、海を泳ぐイノシシがよく目撃される加計呂麻周辺のイノシシ猟のようすを聞いてみた。海を泳ぐイノシシが目撃されたり、イノシシが海を泳いで島に渡ったといわれる奄美大島の南西部、加計呂麻島、請島、与路島は、いずれも標高200~400mほどの山地が海岸部にまでせまり、海岸部は典型的なリアス式海岸になっている。各集落はその湾奥にあり、平坦な土地は少ない。

当地では、このような海岸部でイノシシの狩猟や駆除が行われてきた。特に、リアス式海岸の岬は格好の猟場である。狩猟は、狩猟者とイノシシを追い出す猟犬の組み合わせで行われる。たとえば、適当な場所から5~6頭の猟犬を放ち、獣道などで5~10人くらいの撃ち手が待ち受ける。イヌに追われたイノシシは、山の斜面を下のほうへと逃げる。

以前は、尾根の両側の斜面などで狩猟者が待ち、猟犬に追われてくるイノシシを仕留める方法がとられたが、狩猟者の数が減少してきた近年は、斜面の一方で待つ方法がとられる。待つ場所を海岸側の斜面にすると猟場がしまるため(陸側の斜面だと、そこを突破したイノシシが内陸に逃げることができるが、海側だと海があるため通常は逃げられることが少ないことをいう)、狩猟者の数が減少した近年は、このような場所が多く選ばれるようになった。

狩猟者は、このような猟場に猟犬を車に乗せて行く。そのため、猟場周辺にアクセスできる道路が必要となるが、道路がない場合でも海上タクシーなどの船を利用して海上からアクセスする。

近年は、ハウンドなどの猟犬の導入、無線や携帯電話の活用などによってイノシシの追い出しや追跡が効果的に行われている。ハウンドなどの洋犬は、それまで使われていた島イヌに比べてイノシシの追い出しや追跡時によく声を出す点で優れている。また、イノシシを追い出す能力も高い。そのため、20年ほど前から島イヌに代わってこのような洋犬が使われるようになった。イノシシ猟は午前8時頃には開始し、夕暮れはハブの危険が増すのでその前にきりあげる。

多大な被害をもたらす動物

イノシシは美味な肉を提供してくれる代表的な狩猟獣であるが、同時に農作物などに甚大な被害を出す有害獣でもある。図19は、２０００年度から２０１４年度にかけてのイノシシによる農作物の被害額（全国）を表したものである。２０００年度には50億円を超え、２０１０年度から２０１２年度にかけては60億円を超える被害をもたらすに至った。その後、やや被害金額は低くなったものの、依然として50億円を超える被害が出ており、イノシシによる深刻な農作物被害が続いている。

このような農作物被害に加え、近年はイノシシの生息地の拡大に伴って、住宅地や

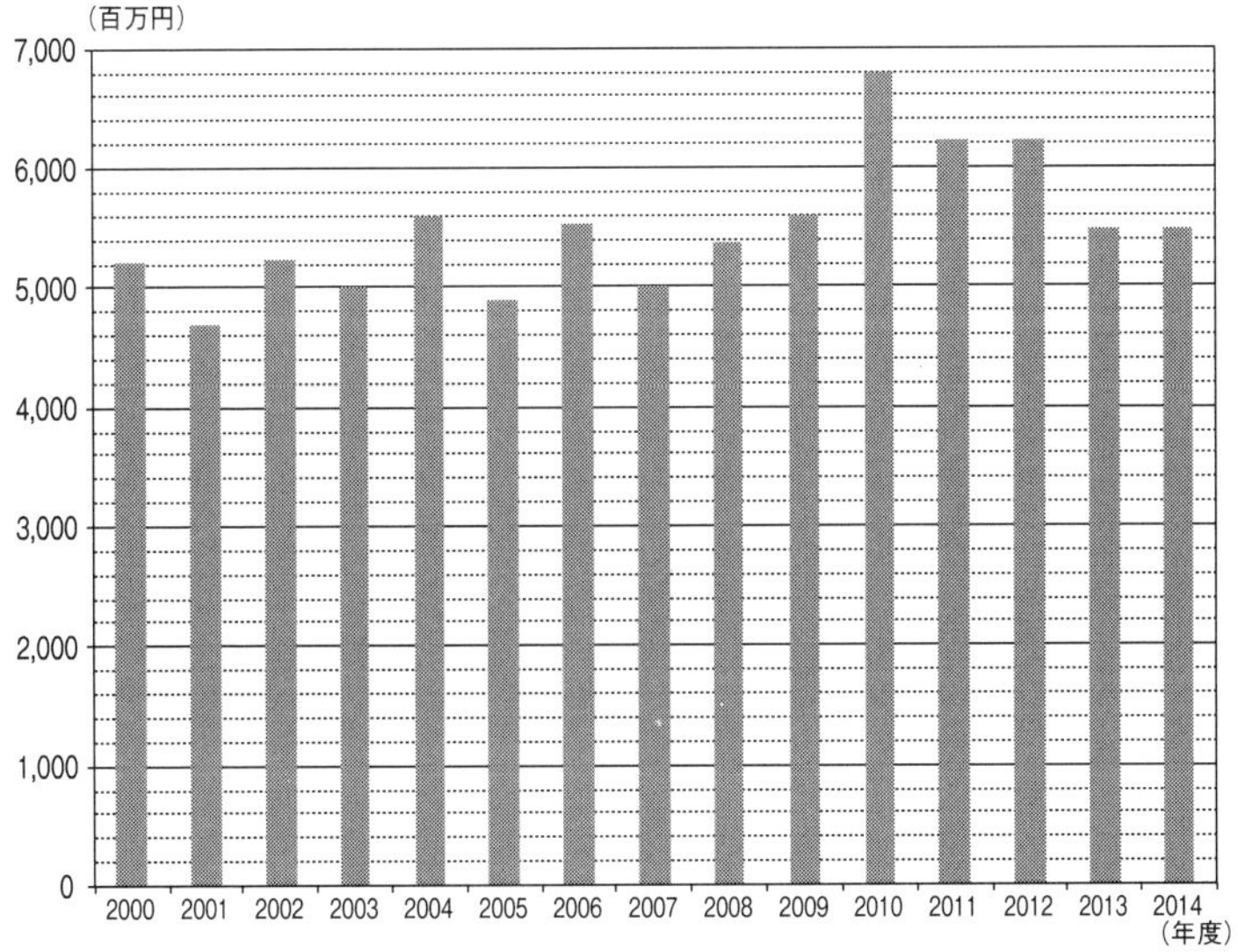

図19　イノシシによる農作物被害額の推移（全国）（農林水産省の資料より作成）

市街地への出没による人身被害、道路や線路への侵入による交通被害（写真57）、公園などの芝地の掘り起こしなども目立つようになった。

そのため、イノシシが生息する地域では、ほとんどの地域において猟期外の期間においても駆除のためのイノシシ捕獲が実施されている。猟期は、従来は11月15日から翌年の2月15日までの3ヵ月間だったが、イノシシの生息地拡大と被害増大に伴い、近年は3月15日まで延長するところが多くなった。

図18に、１９６０年度以降の我が国におけるイノシシの駆除などの数が示されるが、イノシシの生息地の拡大に伴う被害の増大に比例して、その数も大幅に増加している。１９６０年度は年間５３００頭であったが、２０００年度には４・８万頭ほどになり、２０１３年度は30万頭近くのイノシシが駆除などにより捕獲されている。駆除の方法としては、罠なども多く用いられるが、猟友会に委託した猟犬を使った駆除も行われてきた。

写真57　線路への侵入防止柵
（2015年４月．紀勢本線〈三重県〉で撮影）

このような駆除においても、狩猟時と同様に猟犬に追われて泳ぐイノシシ、そして島に渡るイノシシが出現してきたと考えられる。また、島で野生化したイノシシやイノブタ、泳いで渡ってきたイノシシなどの繁殖により被害が発生した島でも被害対策のための駆除が行われ、そのような中で周辺の島に泳いで渡るイノシシも出現してきたと考えられる。

②山火事の影響

第１章で紹介したアンケートで、愛媛県今治市からの回答の中に、「２００４年２月に、瀬戸内海の生口島（図20）で約３９０haが焼ける山火事が発生した。その後、大三島《おおみ》や伯方島《はかた》などの周辺の島に泳いで渡るイノシシが、漁師に目撃されることが多くなった」との情報があった。

生口島でのイノブタの野生化

生口島（31・21㎢）は、山火事が発生した当時は広島県豊田郡瀬戸田町《せとだ》と因島《いんのしま》市に属していたが、現在は市町村の合併により尾道市に属している。この島は、早くから野生化したイノブタの生息が知られてきたところである。

私は、２０１４年２月に生口島周辺のイノブタやイノシシの情報と山火事の影響などを確かめる

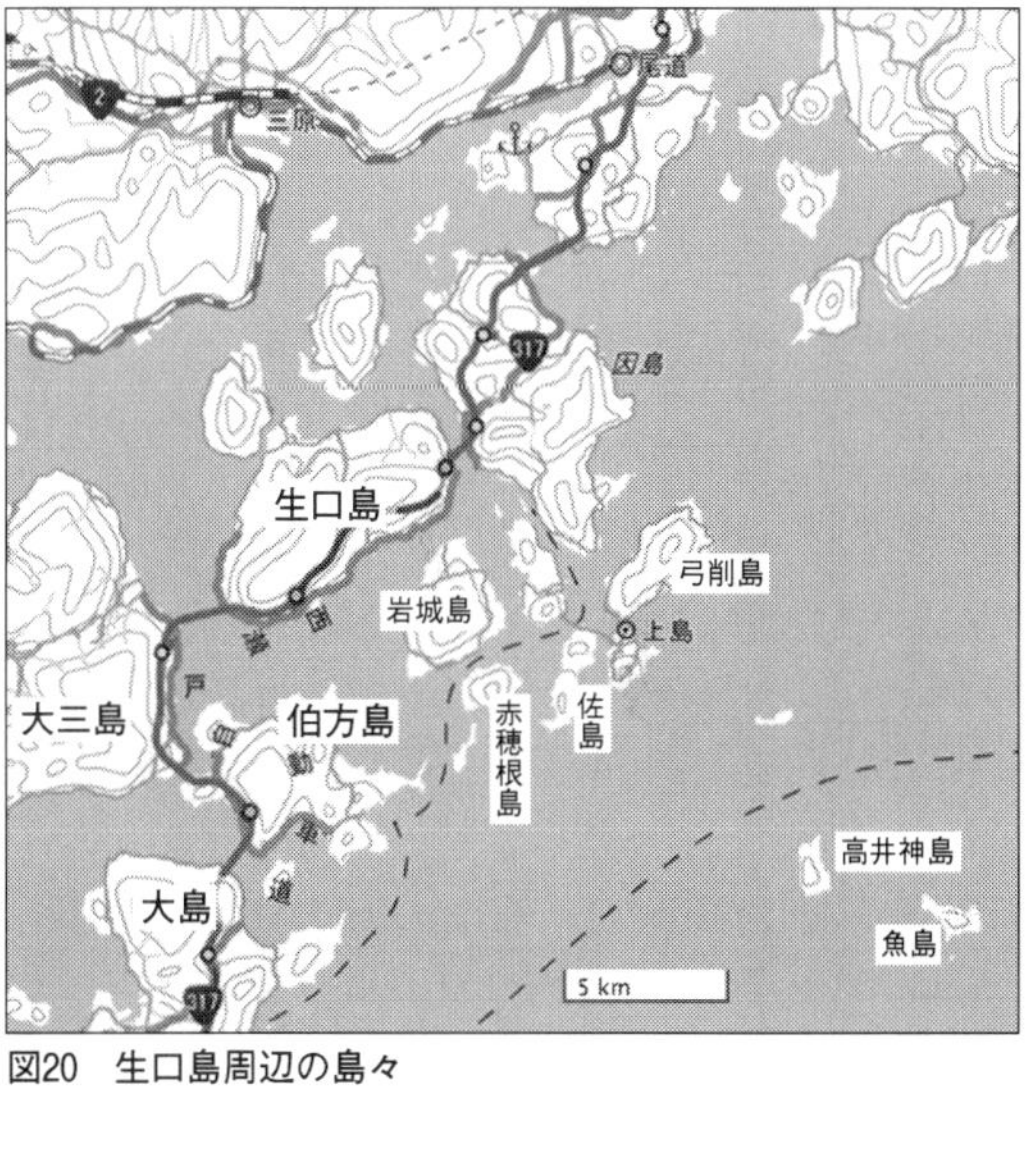

図20　生口島周辺の島々

ため、現地を訪れた。周辺の住民から聞いた話では、生口島では40年ほど前からイノブタの飼育が行われ、30年ほど前にイノブタが野生化したという。その後、野生化したイノブタは繁殖し、代を重ねてイノシシのような動物になっていった。

繁殖した野生化イノブタは、柑橘類などに被害を与えるようになったため、島では以前から猟友会が駆除をしている。住民によれば、「生口島は、このあたりの島々のイノシシ（野生化イノブタ？）の発祥の地」だという。そうだとすると、生口島はこのあたりの島々にイノシシを送り出してきた中心的な島（dispersal centre）となる。

生口島におけるイノブタの野生化は、山火事が起こった2004年2月よりも以前に生じていた。そこでは被害対策のために駆除が実施されてきたが、山火事の影響はどのようであったのであろうか？

野生化したイノブタの駆除数は、1990年初めの頃は一ケタ台だったが、1998年には147頭になり、2000年には245頭になった[81]。尾道市役所の資料によって、その後の2003年度から2010年度にかけての生口島における有害駆除の捕獲数をみると、237頭、150頭、138頭、145頭、295頭、314頭、297頭、363頭となっている。

これをみると、火事が起こった年の年度から3年間は捕獲数が明らかに減少しており、これらの捕獲数の減少は山火事の影響によるものと推察される。

生口島の山火事とその影響

生口島の山火事は、２００４年２月14日の夕方に発生し、生口島のひろい範囲に及んだ。私は、そのときのようすを聞くため、尾道市の消防局を訪ねた。消防局では、当時現場で消火活動にあたった坂本勉さんから山火事のようすを聞くことができ、当時の因島市と瀬戸田町の消防組合がまとめた資料[82]を入手することができた。

　これらから、当時の山火事のようすを紹介する。この山火事は、島の面積の12％、山林の30％に及ぶ大規模な林野火災であった。約３９０haの林野が焼失し、15日間も燃え続けた。この山火事による損害額は、１億円余りとされる。

写真58　生口島の山火事（尾道市消防局提供）

　写真58は、山火事のようすを撮ったものである。出火日時は２００４年２月14日午後５時45分頃で、出火場所は周囲を急傾斜の山林に囲まれた段々畑の柑橘園であった。原因はたき火の不始末によると推定され、柑橘畑の土手に燃え移った火は、おりからの強風（風速10ｍ／秒）にあおられ周囲の雑木林に飛び火し、急斜面の山林の山頂まで一気に延焼していった。

14日の出火と延焼が夕方から夜にかけてのものだったので、実際の消火活動は翌日の朝からであった。ヘリコプターによる空からの消火活動とともに、集落周辺にはポンプ車などを置き、山中にもホースを延長するなどしてできるかぎり入り消火活動を行ったという。

消火活動には、自衛隊の多用途ヘリコプター、広島県、愛媛県、鳥取県の防災ヘリコプター、広島市や岡山市の消防ヘリコプターなどがのべ41機出動し、空からの消火活動を展開した。また、タンク車、ポンプ車、化学車、積載車などの車両のべ594台による陸からの消火活動も行われた。消火活動には、周辺各地の消防関係機関（のべ77機関）、自衛隊（のべ2隊）、海上保安部の巡視艇（のべ2艇）、広島県警察（のべ10機関）、そのほかの公共団体（のべ24団体）など多数の機関がたずさわり、のべ3085人の人員が動員された。このようにして、15日間にわたる空と陸からの夜を徹した消火活動が展開されたのである。

このような生口島の山林の30％にも及んだ大規模な火災と空と陸からの大規模な消火活動は、島の野生化イノブタにも相当の影響を与えたものと推察される。なかには、飛び火でまたたく間にひろがった山火事に巻き込まれたものもいたかもしれない。大規模な火災と消火活動の混乱の中で、海を泳いで周辺の島に逃れた野生化イノブタがいても不思議ではないだろう。また、島に残った野生化イノブタも、生息環境の悪化により、その後周辺の島に海を泳いで分散するようなこともあったのではなかろうか。

野焼きや焼き払いとイノシシ

イノシシは昔から、野焼きを嫌うといわれてきた[83]。江戸時代末期から明治時代にかけての島根県鹿足《かのあし》郡日原《にちはら》村（現津和野《つわの》町）のようすを書いた『石見《いわみ》日原村聞書[84]』には、「昔は山に木を立てないで焼山にしていましたが、これは猪や鹿を防ぐためでありました」とある。昔は、地域によっては野焼きや焼山が行われていたが、そのようなところをイノシシは嫌った。このようなことから、生口島では山火事によって一時的に野生化イノブタの生息環境が悪化したと考えられる。

前述した奄美群島の加計呂麻島では、17世紀はじめの薩摩藩による琉球侵攻の際に山林が焼き払われ、イノシシが絶えたといわれてきた。加計呂麻島の面積は約77㎢で、生口島の2倍以上ある。このような例からも、山火事がイノシシに与える影響をみてとることができる。ただ、イノシシは海を泳ぐことができるのだから、当時もまた加計呂麻島から海を泳いで奄美大島などの島に逃れたイノシシもいたのではなかろうか。

周辺の島々のようす

生口島の周辺には、大三島（64・58㎢）や伯方島（20・93㎢）のほかに、岩城島（8・95㎢）、弓削島（8・68㎢）、佐島（2・68㎢）などの島があり（図20）、これらの島では2005年頃からイノシシが目撃されるようになったといわれる。そのため、ここでも2004年の生口島の火事の影響で海を泳いできたイノシシが棲みついたのだという話がある。

ただ、大三島、伯方島、岩城島の南にある赤穂根島（2・09㎢）には、それ以前からイノシシ（野生化イノブタ?）が目撃されてきた。大三島では2001年頃から農作物や果樹の被害がみられるようになり、海を泳ぐイノシシも目撃されていた。伯方島では、1999年にイノシシ（野生化イノブタ?）が初めて捕獲されている。赤穂根島では、1995年頃に海岸で死骸が発見されている。(85) これらもまた、地元では生口島から泳いできたのではないかといわれている。

イノシシ（野生化イノブタ?）が棲みつき繁殖した島では、それらの狩猟や駆除なども行われるようになる。そのような中で、海を泳いで新たな島に渡っているものもいると推察される。私は、2014年2月に岩城島、弓削島、佐島、高井神島、魚島などがある愛媛県の上島町役場を訪ね、さらにこれらの島をつなぐ定期船を利用して各島へと渡った。

定期船に乗って弓削島から高井神島（1・34㎢）や魚島（1・36㎢）へ渡ったとき、船員に泳ぐイノシシの話を聞くと、2013年に弓削島から今治方面に向かって泳ぐイノシシ（夏）や魚島から高井神島に向かって泳ぐイノシシ（秋）を目撃したことがあると話してくれた。

高井神島や魚島は、瀬戸内海の燧灘《ひうちなだ》の真っただ中に浮かぶ離島である（図20）。高井神島は弓削島から直線距離で約7㎞、魚島はさらにその先約3㎞にある。役場の話では、これらの島々でも2007年頃からイノシシが目撃され、イノシシによる被害が発生しているという。イノシシ（野生化イノブタ?）が繁殖した弓削島の南部では、猟犬を使ったイノシシ（野生化イノブタ?）猟などが行われている。

高井神島で住民から話を聞くと、「10年ほど前に最初にイノシシをみつけたときはクマかと思った。そのことをいっても、だれも信じてくれなかった」、「その後、島に泳ぎ着いて上陸するイノシシを目撃したり、追いかけて撃退しようとしたが、いまのように増えてしまった」、「耕作地（イモ類、マメ類、野菜など）を柵で囲っても、イノシシが海を泳いで海側から侵入してくる」、「タケノコも先にイノシシに食べられてしまい、手に入らない」といったような話をしてくれた。

写真59　イノシシの棲みかと化した竹藪や森にのみこまれる高井神島の集落（2014年２月撮影）

前述したように、上島町の島々では人口減少や高齢化が進み、耕作放棄率もとても高くなっている。高井神島では、１９９５年に34世帯64人だった世帯数と人口が、２０１６年には22世帯28人となり、高齢化率も70％を超えている。このような島にイノシシがやってきたのだ。集落の周辺にはイノシシの棲みかや食料となる竹藪やドングリなどの木も多く（写真59）、人々は海を渡ってきたイノシシに対応しきれなくなっている。

③泳いで生息地を拡大させるイノシシ

自発的に泳ぐイノシシ

これまで、狩猟や山火事などのような外的な影響を受けてイノシシが泳いでいるようすをみてきた。このような状況下で、イノシシが元の生息地を離れ、海を泳いで新たな生息地である島に渡っている事例、つまり分散している事例が発生していると考えられるのであるが、一方で、そのような外的な影響を受けずとも泳いで島に渡っている事例も多いとみられる。

つまり、本島部や島で繁殖したイノシシの生息密度が高くなり、食料や新たな生息地を求めて、海を泳いでほかの島に渡り分散するような事例である。自発的にどれくらいの距離を泳いでイノシシが分散するのかについては今後の検討課題であるが、参考までに陸上の分散の距離に関する海外のデータがあるので紹介しておきたい。これによれば、メスよりもオスのほうが分散する程度や距離が大きく、オスの平均距離は16・6km、メスの平均距離は4・5kmとされる[86]。

前述したように、フィンランドの事例では、イノシシが分散するときの泳力が取り上げられていた。フィンランドでのイノシシの生息地の拡大は、まずオスが周辺に分散していき、続いて繁殖可能なメスたちがやってくるような形となっていた[87]。我が国におけるイノシシも、このような形をとっているものと推察される。我が国でも最近の調査で、広島県の鹿島周辺での餌資源量、生息密度、捕獲圧との関係から、愛媛県の中島周辺にイノシシが分散してきたとの指摘がある[88]。

イノシシの社会と行動圏

イノシシは12月から翌年の３月頃が繁殖期で、春から初夏にかけて平均して４〜５頭の子を産む。母親と子は１年間をともに生活するが、つぎの年の出産期になると前年生まれのオスの子は母親のグループから離れていく。それに対して、前年生まれのメスの子は母親のもとやその近くにいたりして新しい母子グループを作るといわれる(89)。

イノシシや野生化ブタは、メスと子の複数のグループやオスがテリトリーをもたずにオーバーラップして生息する。しかし、繁殖期には有力なオスがほかのオスを排除するような排他的な行動をとり、メスと子のグループ間にも優劣がみられるといわれる(90)。

イノシシや野生化ブタにはいわゆる行動圏があり、食料、生息密度、繁殖行動、気候、人間などに影響を受けながら行動している。行動圏の大きさは条件によって変化しやすく、海外の事例では平均約10㎢ほどで、メスよりもオスのほうが数倍大きくなるといわれる(91)。これも陸上のデータである。

島では、ガラパゴス諸島のサンチャゴ(Santiago)島（５８５㎢）の野生化ブタのメスは０・９㎢、オスは１・６㎢(92)、アメリカのサンタカタリナ(Santa Catalina)島（１８２㎢）の野生化ブタのメスは０・７㎢、オスは１・４㎢といった行動圏が示されている(93)。

私が滋賀県でイノシシに電波発信機やＧＰＳを装着して調査した結果では、オスの移動は数㎞からそれ以上になることもあり、特にドングリやクリなどの実が落ちる９月末〜10月以降は山地に移動してひろく行動した。
それに対して、5月頃から9月中旬頃は耕作放棄地、放置竹林、稲作地や畑などがある里地周辺にいることが多かった。放置された竹林には、タケノコを求めて2月頃にイノシシがやってきた。タケノコは、モウソウチク、ハチク、マダケを合わせると2月頃から8月頃までイノシシの食料となっていた[94]。また、その年に生まれた子をもった親子の行動圏は1・2㎢ほど（2002年11月から翌年5月の期間）であった[95]。

我が国のように、島が多くかつ島と島の間が狭く岬や半島や湾などが多いところでは、湖や海を泳ぎながらそれらを行動圏とするようなイノシシもいると考えられる。瀬戸内海などの島々では、ドングリやタケノコなどに加え冬場も柑橘類が実る。したがって、これらや農作物を求め、特に岬や半島と島、島と島、岬と岬などの間隔が狭いところでは、それらの間を泳いでその付近を行動圏に含むイノシシがいても不思議ではなかろう。

前述したように、ヒゲイノシシは食料を求めて集団で長距離移動をする途上で川を渡ることがあるとされ、このような川渡りは南米に生息するイノシシに似るクチジロペッカリーにもみられる[96]。

瀬戸内海の周辺でイノシシ猟をする狩猟者たちは、300ｍくらい先の島ならイノシシが食料などを求めて泳いでいるという。このようなときのイノシシは、猟犬に追われてやみくもに泳ぐときと違い目標を定めて泳いでいるという。

瀬戸内海の島が連なっているところや天草諸島などでは、追われもしないのにイノシシが島と島の間を泳いでいるところがあるといった話を聞く。また奄美群島では、イノシシの食料となるシイの実が少ない年は海を泳ぐイノシシをみかけることが多いといわれ、イノシシが島や岬の間を往来しているようなところがある。

これまで、イノシシが泳ぐ要因をいろいろとみてきた。博物学者ワラスは「イノシシは自発的に泳ぐことはない」と述べたが、私がこれまで集めた情報では「イノシシは自発的にも泳ぐ」ということになる。現実には、外的な影響や自発的なものがからみあって泳いでいることも多いと考えられる。そして、島によっては一時的に滞在しているところもあれば、泳いできたイノシシが定着して繁殖し多大の被害をもたらしているところもある。これらについては、今後さらに実証的な調査が望まれる。

第5章

イノシシの泳ぎ方や泳力と泳ぐイノシシへの対応

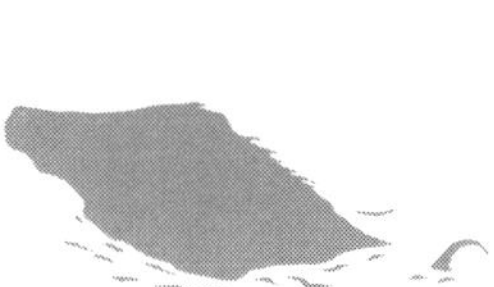

1　イノシシの泳ぎ方や泳力

①目標の確認と泳ぎ方

うまく、かつパワフルに泳ぐイノシシ

海外のイノシシ類の泳ぐ能力に関わる英語表現をみると、good swimmer, excellent swimmer, strong swimmer, powerful swimmer といったような言葉がならぶ。要するにイノシシ類は、うまく、かつ力強い泳ぎをする動物だというのだ。

これまでに撮影された泳ぐイノシシの写真やビデオをみたり、そのときの話を総合すると、イノシシは鼻先、頭部、背中、尾などを海上に出しイヌかきの要領で泳ぐ。

猟犬などに追われた場合は、目標を定めず海に突進して力の限り泳いでいくといった話を聞く。このようなことから、狩猟や山火事などの影響で海に飛び込んだイノシシは、その勢いで遠くまで泳いでいく可能性がある。そのときの波の高さや潮の流れなどにも影響を受けながら、周辺の島や遠くの島まで泳いでいくものと推察される。

前述した長崎県の壱岐島で初めて捕獲されたイノシシはメスであった。このイノシシが海を泳いできたとした場合、何を物語るのであろうか？　前述したように、海外の陸上での調査例の分散距離の平均はオスが16・６㎞、メスが４・５㎞とされる。

壱岐島の周辺でイノシシが生息している加唐島や馬渡島との間は最短で14～16㎞ほど、的山大島

だと25㎞ほどになり、壱岐島とイノシシが生息する九州の本島部の間は最短で20㎞ほどになる。このような長距離を移動するということは、このメスは猟犬などに追われて海に飛び込まざるを得なかったイノシシで、その勢いで遠くまで泳いできたことが示唆される。

しかし一方で、前述したような猟犬などに追われることのない環境にある加唐島のイノシシの生息状況を考えると、ここでは生息数が多く生息密度も高くなっていると推察されることから、食料や新たな生息地を求めて加唐島から海に泳ぎ出したメスイノシシが壱岐島まで泳ぎ切ったという可能性もある。距離的には馬渡島などのほうが近いので、その方面に泳いでいるイノシシが多いと考えられるが、なかには北東の方向にある大きな壱岐島のほうに泳ぎ出すイノシシがいたとしても不思議ではなかろう（図９参照）。分散する距離はメスよりもオスのほうが大きいが、泳力においてメスも相当の距離を泳ぐことができるのであれば、そのような可能性も出てくる。

目標の確認

さて、猟犬などに追われた場合は目標を定める余裕もなく湖や海に突進するのであろうが、そうでなければ目標を定めて湖や海を泳いでいる場合も多いのではなかろうか。陸棲の大型哺乳類の中で泳ぎがうまい動物にゾウがいる。(97) ゾウは島にある食料を鋭い嗅覚で感知し、そのような島を目視し海を泳いで島に渡っているといわれる。(98)

イノシシの視力はそれほどよくないといわれるが、鼻や耳で何かに気づいたときは目でも確認しようとする。(99) したがって、特に自発的に泳ぐときは、たとえば風に乗ってくる食料のニオイを嗅ぎつけ島を確認しながら泳いでいると推察される。前述した琵琶湖北部の葛籠尾崎の岬の沖合を泳いでいたイノシシは竹生島をめざして泳いでいたといわれ、何かに追われて泳いでいるようなようすはなかったという。おそらく、竹生島からくるカワウのコロニーのニオイにひかれ竹生島をめざしていたのだろう。

泳ぐイノシシの情報を集めていると、ホォーとおどろきながらもウーンとうなりたくなるような話を聞くことがある。その中に、宇和海を夜に泳いでいるイノシシが漁船に目撃されたといった話がある。瀬戸内海の島を猟場とする狩猟者の中にも、イノシシは夜も泳いでいるという者がいた。マレーシアのガヤ島とサピ島の間でも、昼間は観光客などが多くいるので夜に泳ぐヒゲイノシシが目撃されるという話をパークレンジャーから聞いた。

陸地では、イノシシは人の活動が盛んな昼間は人を避けるため夜行性になり、夕方から明け方にかけて活発に活動する傾向がある。海を泳ぐときもまた、イノシシはそのような判断をしながら行動をしているのであろうか。イノシシは、我々が思っている以上にいろいろな判断のもとに行動していている可能性がある。そのようなイノシシであれば、必要なときに目標を定めて泳いでいるとしても不思議ではない。海を泳ぐイノシシについては、今後もさらに情報を集めていく必要がある。

②泳ぐ距離や速さ

泳ぐ距離

泳ぐ距離については、すでに述べたようにワラスの5～6マイル以上（約8～10km以上）を泳ぐという指摘のほかに13㎞の海や７００mの川を泳いだ海外の事例が報告されており、かなりの距離を泳ぐことがわかる。

ヒゲイノシシの場合は、45㎞も離れた島に渡っているようすやボルネオ島やスマトラ島の大河川を横断しているという報告がある。バビルサも幅10㎞ほどの湖を泳ぐところが目撃され、ボートが近づいたときに逃げようとして30秒間ほど潜水したという。

我が国でも、本島部の岬や半島などと島の間、島と島の間、岬と岬の間、湾などを泳いでいる多数の例がある。そのときのイノシシの状況、波の高さや潮の流れなどに影響されながら、泳ぐ最長距離は少なくとも15～20㎞ほどに達するとみられる。３００m～５㎞ほどの湖や海を泳ぐことはめずらしくなく、５～10㎞ほど泳ぐ例もしばしばみられる。

２０１４年11月５日に、母親を先頭に7頭のイノシシの親子が小豆島に上陸したことがある。このときのようすを役場で聞くと、「どこから泳いできたのかわからないが、島の南部にある坂手港に上陸した。６頭の子はウリ模様は消えていたが、まだ小さかった。上陸後、山の中に入っていった」ということであった。小豆島に上陸したイノシシの子は生後半年も経っていないと思われるが、イノシシは小さい子でも泳げることがわかる。

泳ぐ速さ

泳ぐ速さもまた、そのときのイノシシの状況、波の高さや潮の流れなどに影響されると考えられるが、加計呂麻島と奄美大島の間の大島海峡約２㎞を30分で泳いだイノシシの速さは時速４㎞くらいになる。

そのほかに、「猟犬に追われて海に飛び込んだときは、上半身が立気味になるくらいの姿勢で予想以上に速く泳ぐ」、「人が歩くより速く、力強く進んだ」、「人が小走りするくらいの速さで、意外に速かった」、「秒速1～2m（時速3・6～7・2㎞）くらいで、水しぶきが多く、イノシシの周りには小さな波が立つほどの勢いがあり、みた目よりはスピードがあるという印象だった」、「イノシシは3ノット（時速約5・5㎞）くらいの速さで泳いだ」、「頭や背中を出して潮に流されるように浮かんでいたので最初はゴミかと思ったが、こちらが近づいたのでイノシシはびっくりして鼻先を上にあげ泳ぎ出した。けっこう速く泳ぐのでおどろいた」などといった話を聞く。

猟犬などに追われたり船などが接近したときは特に速く泳ぐであろうし、場合によっては、かなりの長距離を泳ぐことができる動物であることがわかる。ときには途中で力尽きてしまうものもいるが、まさにイノシシはパワフルでタフな泳ぎ手なのだ。

2　泳ぐイノシシへの対応

「イノシシは泳ぐことができる」という新たなイノシシ観の啓発

さて、これまでみてきたようにイノシシは相当な距離の湖や海などを泳ぎ切ることができる動物である。現代は、このようなイノシシへの対応を考えなければならない時代となった。

まず重要なことは、これまでの「イノシシは山の動物である」という固定観念をなくし、「イノシシは湖や海を容易に泳ぐことができる動物である」という新たなイノシシ観を全国的に啓発する必要がある。特に、島嶼部やその周辺の本島部においてこのような啓発活動は重要である。

狩猟や飼育における注意や対応策

湖や海を泳いで島に生息地を拡大させているイノシシを含めて、現代の我が国におけるイノシシの生息地の拡大には、進む過疎化や高齢化、耕作放棄地と放置された竹林やミカン畑の増加などが背景にある。さらに暖冬化の影響もある。根本的にはこれらの解決が望まれるが、これらは現代の社会や経済の構造の問題でもあり事は簡単ではない。できるところから取り組んでいくしかない。

これまでイノシシが泳ぐ要因をいくつかの地域を事例に検討してきたが、今後は各地域における実態をさらに検討していく必要がある。

イノシシが泳いで島に分散し生息地を拡大したり、岬や周辺の島などをとりこむような行動圏をもっていたりするのは、自然発生的に生じている場合と人為的な影響で生じている場合がある。両方がみられるところも多いと考えられるのであるが、不用意な形で人為的にイノシシを分散させたり、行動圏を拡大させ、結果としてほかの島にイノシシを渡らせることがないようにする必要がある。

ここでは特に、狩猟や駆除とイノシシやイノブタの飼育をとりあげておきたい。狩猟や駆除が悪いというわけではないが、たとえば猟犬を使った巻き狩りを湖岸や海岸付近や島で行う場合は、泳ぐイノシシを発生させる可能性があることを認識する必要がある。したがって、このような狩猟や駆除を行う場合は、周辺の湖や海に追い出されてくるイノシシに十分な注意をはらう必要があり、船などを使いそのようなイノシシへの対応を十分に図りたいものである。湖岸や海岸付近や島嶼部での駆除は、捕獲檻や罠などを主体としたものにするほうがよいと考えられるが、巻き狩りで駆除を行う場合も、湖や海に追い出されるイノシシに十分な注意をはらい対応を図る必要がある。

イノシシやイノブタを島で飼育する場合も、厳重な注意が必要である。すでに述べたように、注意深く飼育したり運搬していたつもりでもイノシシやイノブタは逃げることがある。それだけ、イノシシやイノブタは野生化しやすい動物なのである。したがって、飼育したり運搬したりする場合は、届け出を義務づけたり飼育や運搬などの方法を厳格にチェックしていく必要がある。特に逃げたことがわかった場合は、繁殖する前にすばやく捕獲することが重要となる。

飼育や持ち込みによるイノシシ（含むイノブタ？）が繁殖し被害をもたらしている長崎県の対馬や五島列島では、「対馬市イノシシの所持又は持込みの禁止等に関する条例」や「新上五島町イノシシの所持又は持込みの禁止等に関する条例」を作り、イノシシやイノブタの飼育や持ち込みなどに関する規制を設け対応を図っている。島に限らずイノシシやイノブタの飼育や持ち込みには、このような条例とそれを堅実に実行していく体制が望まれる。

広域的な取り組みやバックアップ体制

湖や海を泳いで島に渡ったイノシシは、農作物への被害はもちろん道路や畦や水路などの掘り起こしなどといった生活被害をもたらしている。このような被害に対しては、広域的な取り組みや地域ぐるみの取り組みが必要となってくる。

イノシシはかなりの距離を泳ぐことがわかったのだから、それ相応の範囲の本島部と周辺の島々の間や諸島・群島・列島などの間で泳ぐイノシシの対応に関わる情報交換や連携を図っていく必要がある。

地域全域にわたって農作物や生活に多大の被害を与えるイノシシのような動物に対しては、個人的な取り組みも必要だが、地域ぐるみで対応することが重要となる。しかし、そのような体制がとれるだけのマンパワーが残っている島はまだよいが、高齢化や人口流出が進み繁殖するイノシシに対応できない島も多い。これらの島については、行政的な支援を含むバックアップをしていく必要がある。

これまでにイノシシの生息をみなかった島では、イノシシに対する情報や知識も不足しており、島民が知らないうちに泳いできたイノシシの繁殖が進んでいる場合もある。長崎県の五島列島の奈《な》留《る》島では、２００９年に初めてイノシシが目撃されたにもかかわらず２０１０年に１０５頭ものイノシシが捕獲されたという[100]。いずれにせよ、泳ぐイノシシの情報と無人島も含めた島のイノシシの情報をさらに集め、泳ぐイノシシと島に渡ったイノシシへの対応を図っていく必要がある。

引用文献など

（1）Takahashi, S. (2014) : Distribution and status of swimming wild boars (*Sus scrofa leucomystax* and *Sus scrofa riukiuanus*) in Japan. *Suiform Soundings* (IUCN/SSC Wild pigs, Peccary and Hippo Specialist Groups) ,13 (1), 15-17.

（2）Erkinaro, E., Heikura, K., Lindgren, E., Pulliainen, E. and Sulkava,S. (1982) : Occurrence and spread of the wild boar (*Sus scrofa*) in eastern *Fennoscandia. Memoranda Societatis pro Fauna et Flora Fennica*, 58, 39-47.

（3）Dammerman, K. W. (1948) : The fauna of Krakatau 1883-1933, Verh. K. ned. Akad. Wet. (Tweede sectie) 44, 1-594.

（4）http://wave. ap. teacup. com / lakezx / 1522. html' ２０１５年12月12日閲覧

（5）滋賀県編（１９７９）：第2回自然環境保全基礎調査　動物分布調査報告書（哺乳類）．環境庁委託調査

（6）寺本憲之（２０１０）：住民の合意形成によって被害防止柵をつくる—現代版のシシ垣づくりにむけて—．高橋春成編『日本のシシ垣—イノシシ・シカの被害から田畑を守ってきた文化遺産—』古今書院、３２０〜３４４

（7）高橋春成（２００３）：大学と地域が一緒になってイノシシとの共存を考える—テレメトリー調査を中心に—．高橋春成編著『滋賀の獣たち—人との共存を考える—』サンライズ出版、１６３〜１９４

（8）**okisima. shiga-saku.net / e1164788. html'** ２０１６年3月31日閲覧

（9）田中晧正（２００２）：『日振島のはなし』三重大学出版会

（10）（11）中国新聞取材班編（２０１５）：『猪変』本の雑誌社

（12）高橋春成（２０１３）：瀬戸内海の島嶼部に分布拡大するイノシシ．奈良大地理19、46〜52

（13）武山絵美（２０１５）：瀬戸内海のイノシシ．第8回シシ垣サミットin愛媛　予稿集、21〜30

（14）港　誠吾（２００３）：猪鹿垣を調べる—小豆島・旧大部村（現土庄町内）におけるその現状と特色．地理48(1)、95〜１０１

（15）http://www. geocities. jp / keiyu_maru / index. html′ ２０１３年12月30日閲覧

（16）（17）平田滋樹（２０１４）：長崎県の島嶼におけるイノシシ管理の現状．野生生物と社会１⑵、79～83

（18）（19）（20）熊本日日新聞情報文化センター（２００５）：『御所浦町誌』御所浦町

（21）阿部慎太郎（１９９１）：奄美に暮らす　イノシシ．科学朝日

（22）千葉徳爾（１９７１）：『続　狩猟伝承研究』風間書房

（23）高橋春成（２００１）：海を泳ぐイノシシ―イカを釣りに行って、イノシシを捕って帰る―．高橋春成編『イノシシと人間―共に生きる』古今書院、２２１～２４３

（24）（25）高橋春成（２０１５）：南西諸島の海を泳ぐイノシシ．奈良大学総合研究所所報23、１～12

（26）座間味村史編集委員会編（１９８９）：『座間味村史　上巻』座間味村

（27）Nowak, R. M. (1999) : *Walker's mammals of the world volume II*. The Johns Hopkins University Press, Baltimore and London.
Morelle, K., Podgorski, T., Prevot, C., Keuling, O., Lehaire, F. and Lejeune, P. (2015) : Towards understanding wild boar *Sus scrofa* movement:a synthetic movement ecology approach. *Mammal Review*, 45, 15-29.

（28）Wallace, A. R. (1911) : *Island life: or the phenomena and causes of insular faunas and floras including a revision and attempted solution of the problem of geological climates*. Third and revised edition. MacMillan and Co, London.

（29）Oliver, W. L. R.ed. (1993) : *Pigs, peccaries, and hippos*. IUCN, Gland, Switzerland.

（30）Rawlinson, P. A., Zann, R. A., van Balen, S.and Thornton, I. W. B. (1992) : Colonization of the Krakatau Islands by Vertebrates. *GeoJournal*, 28 (2), 225-231.

（31）前掲（３）

（32）Yong, D. L., Y-H. Lee, B. P., Ang, A. and Tan, K. H. (2010) : The status on Singapore Island of the Eurasian wild pig *Sus scrofa* (Makkalia:Suidae) . *Nature in Singapore* 2010, 3, 227-237.

（33）前掲（２）

（34）Bourliere, F. (1970) : *The natural history of mammals*. Alfred A. Knopf, New York.

（35）Andrzejewski, R. and Jezierski, W. (1978) : Management of a wild boar population and its effects on commercial land. *Acta Theriologica*, 23, 309-339.

（36）IUCN/SSC Pigs, Peccaries, and Hippos Specialist Group (2004) : Brief conservation news. *Suiform Soundings*, 4 (1), 28.

（37）http:/www. thelocal.it / 20150929 / wild-boar-found-swimming-6km-off-italian-coast´ ２０１５年11月17日閲覧

（38）（39）http://www. hurriyetdailynews. com / pigs-spotted-swimming-across-istanbuls-bosphorus´ ２０１５年11月30日閲覧

（40）Stegeman, L. C. (1938) : The European wild boar in the Cherokee National Forest, Tennessee. *Journal of Mammalogy*, 19 (3), 279-290.

（41）高橋春成（１９９５）:『野生動物と野生化家畜』大明堂

（42）Mayer, J. J. and Brisbin, Jr., I. L. (1991) : *Wild pigs in the United States:their history, comparative morphology, and current status*. The University of Georgia Press, Athens and London.

（43）Mayer, J. J. (2009) : Biology of wild pigs : wild pig behavior. Mayer, J. J. and Brisbin,Jr., I. L. (eds.) : *Wild pigs:Biology, damage, control techniques and management*. Savannah. River National Laboratory, South Carolina, 77-104.

（44）Rue,L.L.,Ⅲ. (1968) : *Sportsman's guide to game animals:a field book of North American species*. Harper and Row, New York.

（45）Oliver, W. L. R. (1995) : The taxonomy, distribution and status of Philippine wild pigs. *IBEX J. M. E.*, 3, 26-32. Meijaard, E. (2000) : *Bearded pig (Sus barbatus) : ecology, conservation status, and research methodology*. Bogor, Indonesia. Meijaard, E., J. P. d'Huart, and W. L. R. Oliver (2011) : Family Suidae (Pigs). D. E. Wilson and R. A. Mittermeire (eds) :

Handbook of the mammals of the world. Vol2. Hoofed mammals. Lynx Edicions, Barcelona, Spain.

（46）Meijaard, E., J. P. d'Huart, and W. L. R. Oliver (2011) : Family Suidae (Pigs). D. E. Wilson and R. A. Mittermeire (eds) : *Handbook of the mammals of the world. Vol2. Hoofed mammals*. Lynx Edicions, Barcelona, Spain.

（47）Eaton, P. (2005) : *Land tenure, conservation and development in southeast Asia.* Routledge, London and New York.

（48）桜井良三編（１９８５）：『生物大図鑑　動物　哺乳類・爬虫類・両生類』世界文化社

（49）（50）Melisch, R. (1994) : Observation of swimming Babirusa *Babyrousa babyrussa* in Lake Poso, Central Sulawesi, Indonesia. *Malayan Nature Journal*, 47, 431-432.

（51）高橋春成（１９９５）：前掲（41）

（52）北川博正（２０１０）：福井県奥越地方のシシ垣遺構探しとエコツアー．高橋春成編『日本のシシ垣―イノシシ・シカの被害から田畑を守ってきた文化遺産―』古今書院、２１２～２２８．矢ヶ﨑孝雄（２０１０）：シシ垣の分布と構造．高橋春成編『日本のシシ垣―イノシシ・シカの被害から田畑を守ってきた文化遺産―』古今書院、２～26

（53）千葉徳爾（１９７５）：蔵王山東麓における野生大形哺乳類の分布およびその変動について．東北地理27⑵、74～81

（54）いいだもも（１９９６）：『猪・鉄砲・安藤昌益』農山漁村文化協会

（55）蘆田伊人編（１９３０）：『大日本地誌大系　斐太後風土記』雄山閣

（56）港　誠吾（２０１０）：猪鹿垣遺構を残し伝えるために―香川県小豆島をめぐる猪鹿垣群の踏査と実測の記録．高橋春成編『日本のシシ垣―イノシシ・シカの被害から田畑を守ってきた文化遺産―』古今書院、27～51

（57）佐竹　昭（２００４）：近世広島の猪と豚．頼　祺一先生退官記念論集刊行会『近世近代の地域社会と文化』清文堂、４０５～４２９．佐竹　昭（２０１０）：安芸のシシ垣と地域の歴史．高橋春成編『日本のシシ垣―イノシシ・シカの被害から田畑を守ってきた文化遺産―』古今書院、１１４～１３５

(58) 山内健生・宮本大右・古川真理（2008）：宇和海島嶼（九島、嘉島、戸島、日振島）における哺乳類の分布．日本生物地理学会会報63、13～20
(59) 矢ヶ﨑孝雄（1990）：長崎県下の猪垣（一）．文教大学教育学部紀要24、12～24
(60) 佐竹　昭（2010）：安芸のシシ垣と地域の歴史．高橋春成編『日本のシシ垣―イノシシ・シカの被害から田畑を守ってきた文化遺産―』古今書院、114～135
(61) 柿崎信兼・加納閏（1959）：鹿久居島国有林、野生鹿の歴史的考察．鳥獣集報17(2)、333～348
(62) Barrett, R. H., and Spitz, F. (1991) : *Biology of Suidae*. IRGM.
(63) 高橋春成（2008）：分布域が拡大する日本のイノシシ―暖冬、耕作放棄地・放置竹林、農業被害とイノシシとの共存―．池谷和信・林良博編『野生と環境』岩波書店、90～110
(64) 三浦慎吾（2008）：『ワイルドライフ・マネジメント入門―野生動物とどう向きあうか』岩波書店
(65) 前掲（2）Rosvold,J. and Andersen, R. (2008) : Wild boar in Norway-is climate a limiting factor?. Zoologisk rapport 2008-1, NTNU.
(66) 高橋春成（2009）：イノシシ被害対策の歴史（シシ垣）とGPSテレメトリーからみた近年の被害地におけるイノシシの動向．生物科学60(2)、69～77．高橋春成（2010）：『人と生き物の地理　改訂版』古今書院．高橋春成（2013）：イノシシの分布からみた人獣交渉史―山から里、そして街へ―．池谷和信編『生き物文化の地理学』海青社、27～48
(67) 前掲（7）
(68) 前掲（43）
(69) 高橋春成（2012）：地理学と野生動物問題．人文地理64(5)、72～81
(70) 前掲（41）
(71)（72）神崎伸夫（2002）：イノシシ・イノブタ―高い商品価値を持つ大型哺乳類―．日本生態学会編『外来

種ハンドブック』地人書館、77
(73) 自然環境研究センター（１９９８）：野生化哺乳類実態調査報告書．環境庁委託調査
(74) 橘南谿著・宗政五十緒校注（１９７４）：『東西遊記２』平凡社
(75) 佐竹　昭（２０１２）：『近世瀬戸内の環境史』吉川弘文館
(76) 仲谷　淳（２００１）：知られざるイノシシの生態と社会．高橋春成編『イノシシと人間—共に生きる—』古今書院、２００～２２０
(77) 小寺祐二（２０１０）：人間社会とイノシシ—西日本における変化と獣害．池谷和信編『日本列島の野生生物と人』世界思想社、２１７～２３４
(78) 前掲（41）
(79) 前掲（42）
(80) 前掲（41）
(81) 前掲（10）
(82) 因島市・瀬戸田町消防組合（２００４）：生口島林野火災の概要．因島市・瀬戸田町消防組合
(83) 千葉徳爾（１９６３）：猪・鹿の捕獲量の地理的意義—近世岡山藩の場合—．地理学評論36、４６４～４８０
(84) 大庭良美（１９５５）：『石見日原村聞書』日本常民文化研究所
(85) 山本貴仁・小川次郎・宮脇馨（２００７）：愛媛県越智郡上島町赤穂根島総合生物調査．愛媛県総合科学博物館研究報告12、27～30
(86) Rosvold, J. and Andersen, R. (2008) : Wild boar in Norway-is climate a limiting factor?. Zoologisk rapport 2008-1, NTNU.
(87) 前掲（2）
(88) 前掲（13）

(89) 前掲 (76)
(90) (91) 前掲 (43)
(92) Coblentz, B. E., and Baber, D. W. (1987) : Biology and control of feral pigs on Isla Santiago, Galapagos, Ecuador. *Journal of Applied Ecology*, 24 (2), 403-418.
(93) Baber, D. W. and Coblentz, B. E. (1986) : Density, home range, habitat use and reproduction of feral pigs on Santa Catalina Island. *Journal of Mammalogy*, 67 (3), 512-525.
(94) 前掲 (63)、高橋春成 (２００９)：イノシシ被害対策の歴史 (シシ垣) とＧＰＳテレメトリーからみた近年の被害地におけるイノシシの動向. 生物科学60(2)、69〜77. 高橋春成 (２０１２)：里地・里山の変化と野生動物. 杉浦芳夫編著『地域環境の地理学』朝倉書店、70〜79
(95) 前掲 (7)
(96) 高野　潤 (２００８)：『アマゾンの森と川を行く』中公新書
(97) 中村一恵 (２０１２)：『海を渡る象―その不思議な世界を探る―』インツール・システム
(98) Johnson, D. L. (1980) : Problems in the land vertebrate zoogeography of certain islands and the swimming powers of elephants. *Journal of Biogeography*, 7, 383-398.
(99) 江口祐輔 (２００１)：イノシシの行動と能力を知る. 高橋春成編『イノシシと人間―共に生きる―』古今書院、１７１〜１９９
(100) 前掲 (16)

おわりに

私がイノシシに関心をもって調べ始めた1970年代の頃は、世間ではまだイノシシが湖や海を泳ぐというようなことは話題にならなかった。はずかしながら、その頃は私もイノシシがかなりの距離の湖や海を泳ぐというようなことは知らなかった。イノシシの調査をする場所も山間部が主であったし、イノシシの調査項目の中にイノシシの泳力というものは入っていなかった。わずかに、狩猟者から川を渡るようなイノシシの話を聞くことがあったくらいである。

ところが、1999年から奄美群島のイノシシ調査を始めるようになって、当地では海を泳ぐイノシシがいること、しかも、そのようなイノシシが多数目撃されていることを知って新鮮なおどろきを感じた。私はこのときに、「イノシシは、なぜ海を泳いでいるのだろうか?」と素朴な疑問をもち、ぜひそのわけを知りたいと思った。当地で1994年に大島海峡を巡視していた古仁屋海上保安署の巡視艇が泳ぐ3頭のイノシシの写真を撮ったという話を聞き、すぐに海上保安署に行き写真を入手した。そこには、確かに鼻先を海面上に出して泳ぐイノシシの姿が写っていた。

私自身は残念ながら海や湖を泳ぐイノシシの姿を目撃したことはないのであるが、泳ぐイノシシに対する興味・関心はその後ますます強くなり各地で情報を集めるようになった。本書は、アンケート調査も含めこれまでに集めた「泳ぐイノシシ」関係の情報を整理してみたものである。湖や海を泳ぐイノシシに関わる調査やそのようなイノシシへの対応については、これからもさらに検討が加えられていく必要があると考えている。

ところで今回、泳ぐイノシシの情報を集めいろいろと考える中で、私は改めて二つのことを強く思った。ひとつは、イノシシが生息する我が国は本島部も含めて大小の多くの島からなる島国だということである。もうひとつは、土地利用、狩猟や駆除、イノシシやイノブタの飼育などを通じた人とイノシシの関係の濃さである。

そこには、大小の多くの島からなる我が国でくりひろげられる人とイノシシのダイナミックな時代的な関係が生れてきたのである。現代の湖や海を泳ぎ島に生息地を拡大させているイノシシもまた、このような時代の流れの中に位置づけて考えることができる。湖や海を泳ぐイノシシは、私たちにそのことを教えてくれる。

泳ぐイノシシの情報を集めるにおいて、アンケート調査にご協力いただいた各市町村の担当者の皆さま、各地の現地調査で貴重な情報や写真などをご提供いただいた皆さまに深く感謝を申し上げます。今回、皆さまのおかげで「泳ぐイノシシ」に関する情報をまとめることができ、ようやく「泳ぐイノシシ」に関する研究のスタートをきることができました。

本書の出版にあたっては、サンライズ出版の岩根順子社長にご快諾をいただき、編集部の岸田幸治氏には細部にわたって編集の労をとっていただきました。厚く御礼を申し上げます。

以下のページの地図は、国土地理院の電子地形図に主要な地名を追記して掲載した。
27、34、42、49、53、55、59、66、71、79、139ページ

■著者略歴

高橋春成（たかはし　しゅんじょう）

1952年滋賀県生まれ

奈良大学教授。博士（文学）。専門は生物地理学。

現在、IUCN（国際自然保護連合）Wild Pigs Specialist Groupメンバー、農林水産省農作物野生鳥獣被害対策アドバイザー、滋賀県イノシシ保護管理検討委員会座長、大阪府シカ・イノシシ保護管理検討会会長、奈良県自然環境保全審議会鳥獣部会長、シシ垣ネットワーク代表などを務める。

主な著書

『荒野に生きる　―オーストラリアの野生化した家畜たち―』（単著、どうぶつ社、1994年）、『野生動物と野生化家畜』（単著、大明堂、1995年）、『イノシシと人間　―共に生きる―』（編著、古今書院、2001年）、『淡海文庫29　滋賀の獣たち　―人との共存を考える―』（編著、サンライズ出版、2003年）、『亥歳生まれは、大吉運の人』（単著、三五館、2004年）、『人と生き物の地理』（単著、古今書院、2006年. 2010年に改訂版）、『叢書・地球発見11　生きもの秘境のたび』（単著、ナカニシヤ出版、2008年）、『日本のシシ垣　―イノシシ・シカの被害から田畑を守ってきた文化遺産―』（編著、古今書院、2010年）（2011年度日本地理学会賞受賞）

びわ湖の森の生き物6

泳ぐイノシシの時代 ―なぜ、イノシシは周辺の島に渡るのか？―

2017年2月10日　初版1刷発行

著　者　高橋春成

発行者　岩根順子

発行所　サンライズ出版

〒522-0004　滋賀県彦根市鳥居本町655-1

TEL 0749-22-0627　FAX 0749-23-7720

印刷・製本　サンライズ出版

ISBN978-4-88325-610-5

びわ湖の森の生き物 シリーズ

日本最大の湖、琵琶湖をとりまく山野と河川には、大昔から人間の手が加わりながらも、人と野生動物とが共生する形で豊かな生態系が築かれてきました。当シリーズでは、水源として琵琶湖を育んできたこれらを「びわ湖の森」と名づけ、そこに生息する動植物の生態や彼らと人との関係を紹介していきます。

人家からそう遠くない場所に生きる彼らのことも、まだまだわからないことばかりです。生き物の謎解きに挑む各刊執筆者の調査・研究過程とともに、その驚きの生態や人々との興味深い関わりをお楽しみください。

1 空と森の王者 イヌワシとクマタカ
山﨑 亨

2 ドングリの木は なぜイモムシ、ケムシだらけなのか？
寺本憲之

3 川と湖の回遊魚 ビワマスの謎を探る
藤岡康弘

4 森の賢者カモシカ
——鈴鹿山地の定点観察記——
名和 明

5 琵琶湖ハッタミミズ物語
渡辺弘之

以下続刊